LA TERRE

Évolution de la Vie à sa surface

SON PRÉSENT SON PASSÉ, SON AVENIR

par

Emmanuel VAUCHEZ.

COMPTE RENDU

PAR

LUCIEN GUENEAU

Ancien Capitaine de Cavalerie

Sous-Préfet honoraire

Rédacteur de l'Union Républicaine de la Nièvre

SAINT-CLAUDE

ANCIENNE IMPRIMERIE VEUVE ÉNARD

1894

LA TERRE

Evolution de la Vie à sa surface

SON PRÉSENT

SON PASSÉ, SON AVENIR

par

Emmanuel VAUCHEZ.

COMPTE-RENDU

PAR

LUCIEN GUENEAU

ANCIEN CAPITAINE DE CAVALERIE

SOUS-PRÉFET HONORAIRE

Rédacteur de l'*Union Républicaine de la Nièvre.*

SAINT-CLAUDE

ANCIENNE IMPRIMERIE VEUVE ÉNARD

1894

ÉTUDES SCIENTIFIQUES

SUR

LA TERRE

CHAPITRE PREMIER

M. Emmanuel Vauchez. — Son passé Ce qu'est son œuvre, « la Terre »

C'est bien un livre, dans toute l'acception du mot, que vient de publier M. Emmanuel Vauchez, l'ancien secrétaire général de la Ligue de l'enseignement, que tous nos lecteurs connaissent depuis longtemps.

Vauchez, vous ai-je dit plus d'une fois, c'est ce véritable ami du peuple, cet ami de nos enfants, ce patriote comme il nous en faudrait beaucoup qui jeta, en 1866, avec Jean Macé et quelques hommes courageux et prévoyants de l'avenir, les bases de la Ligue de l'Enseignement, cette œuvre la plus patriotique, la plus humanitaire, la plus républicaine de nos œuvres nationales.

A peine s'était-on mis à la besogne qu'arrive la guerre de 1870. Vauchez ne perd pas une minute ; il quitte la plume pour prendre le sac. Le voilà caporal de zouaves, donnant les preuves les plus manifestes de son esprit d'organisation ; il bataille avec notre armée de la Loire, joignant l'exemple au principe, contrairement à certains pantouflards de notre connaissance qui firent alors du patriotisme... en chambre. Aussi n'est-il pas député (1).

La guerre terminée, Vauchez reprend sa tâche sans perdre un instant. Il a vu les causes de notre effondrement moral et physique et il voudrait pouvoir y porter remède. Un vaste pétionnement s'organise sous sa direction dans toute la France et bientôt quinze cent mille signatures vien-

(1) Nous rappellerons à ce propos qu'en 1885, plus de 500 électeurs républicains de l'arrondissement de St-Claude ont offert la candidature à M. Emmanuel Vauchez, qu'ils voulaient même porter d'office sur la liste de leurs candidats. Ils n'ont renoncé à ce projet que sur l'énergique et persévérant refus de M. E. Vauchez qui s'est soustrait à l'honneur qu'on voulait lui faire. Nul doute que sans ce refus, l'ancien secrétaire général de la Ligue de l'Enseignement, qui a toutes les sympathies de ses compatriotes, ne fût arrivé au premier rang.

nent dire à nos députés qu'il nous faut l'enseignement gratuit, laïque et obligatoire, si nous voulons voir revivre la France.

On sait les luttes qu'il fallut pour y arriver. Puis, tout en combattant contre la réaction qui a déchaîné contre nous, au 24 et au 16 mai, toutes les forces noires, Vauchez organise nos écoles, leur mobilier, leurs bibliothèques, fonde nos bibliothèques régimentaires, nos troncs des écoles, en un mot tout l'ensemble des institutions nécessaires à notre instruction et à notre éducation nationales.

Pour compléter son œuvre, il nous donne son Manuel d'éducation civique et morale qui devrait être dans les mains de tous nos enfants, garçons et filles, élèves des lycées ou des écoles primaires ; mais notre Université a vraiment bien d'autres soucis. Elle entend conserver la neutralité, comme s'il y avait une neutralité possible devant l'ennemi qui vous attaque de tous côtés, devant la rouille qui nous ronge

Tant de labeurs ont épuisé la santé de notre ami, et puis, faut-il le dire, il sent qu'il a une autre œuvre à achever : il faut constituer notre nouvel édifice intellectuel sur des bases solides. Quittant Paris, il se retira aux Sables-d'Olonne et c'est là que, pendant six ans, il prépara l'œuvre qu'il nous donne aujourd'hui, son livre sur la Terre, livre qui arrive juste à point au milieu de toutes nos tristesses, de toutes nos défaillances, pour relever toutes nos énergies et toutes nos espérances.

Il vient nous dire que nous avons d'autres devoirs à remplir que ceux de la lutte pour la vie matérielle, d'autres destinées que celles de remplir notre ventre, d'autres espérances que celles de rentrer dans le sein de la terre dont nous sortons. Nous sommes des hommes, des êtres pensants et nous devons penser, apprendre, chercher, c'est-à-dire avoir le goût de l'étude, l'amour du bien, sans attendre que tout cela nous tombe du ciel par quelque révélation.

Pensons donc, apprenons, cherchons avec Vauchez, et tâchons, s'il se peut, d'entrer dans le cœur de son livre destiné à nous montrer la place qu'occupe notre terre dans ces millions de millions de mondes qui roulent dans l'univers. Voyons le rôle que joue vis-à-vis d'elle le soleil dont elle a été engendrée et la façon dont, peu à peu, elle s'est formée, dont elle s'est préparée, dirons-nous, à donner naissance à l'homme.

Puis nous assisterons à la venue de cet être qui ne se connaît pas encore lui-même et qui pourtant aspire à l'infini, au divin.

Nous le verrons se dépouillant progressivement de son animalité pour devenir l'homme qui pense, l'homme de science, l'homme de religion qui, après avoir arraché au ciel son feu et ses foudres, tâche de lui ravir les secrets de son existence, le secret de la vie et de la force mystérieuse qui engendrent et qui conduisent tout.

D'où il vient, où il va, quelle étoile peut le guider dans sa marche incertaine, voilà ce que l'homme veut savoir et c'est ce que Vauchez essaie de nous faire connaître dans son livre en étudiant la genèse de la Terre et de l'humanité ; s'il ne parvient pas à nous conduire au but, il nous montrera le chemin qui peut nous y conduire, il nous donnera le guide dont nous avons besoin pour y arriver sûrement, et ce guide c'est la science : c'est elle qui remplacera, pour nous, les prétendues révélations religieuses qui, jusqu'ici, ne nous ont non seulement rien appris, mais nous ont trop souvent fait quitter le bon chemin pour nous jeter dans des sentiers ténébreux dont nous avons peine à sortir aujourd'hui.

Le livre de Vauchez est intitulé : *la Terre*. Il reprend l'étude inachevée par Figuier, cet éminent vulgarisateur qui, dans son ouvrage qui fit grand bruit lors de sa publication, *la Terre avant le déluge*, eut, à défaut d'autres, le mérite de faire quitter à notre jeunesse l'étude des légendes et des superstitions pour les diriger vers la recherche de la formation de notre globe et des races d'animaux et de plantes qui la peuplèrent jusqu'à l'arrivée de l'homme. Mais Figuier n'osa pas encore briser les chaînes tendues par le catholicisme épeuré pour arrêter les progrès de la science et la connaissance de ses prétendus miracles. Figuier s'arrêta devant la Bible, devant son déluge et ses prôneurs. Vauchez était trop indépendant et avait trop souci de la vérité pour se laisser arrêter par de pareilles considérations. Rompant avec le passé, il a fait une œuvre absolument indépendante de toutes les idées dogmatiques qui ont si longtemps arrêté l'essor de la science.

La Bible n'est pour lui, et il a dix fois raison, qu'un livre sans valeur scientifique qu'un ramassis de légendes parfois grotesques, souvent obscènes, qui ne supportent pas le moindre examen, et qu'on demeure stupéfait de savoir avoir été, pendant tant de siècles, le livre sacré, le livre révélé, le livre divin, dicté par Dieu, écrit par son prophète, devant lequel tout doit s'incliner.

L'œuvre de Vauchez n'aurait-elle eu

que ce mérite, de rompre enfin carrément avec les traditions bibliques, avec les légendes et les fantasmagories de la genèse dogmatique, que nous devrions la saluer avec joie ; mais, comme nous allons le voir, c'est bien d'elle qu'on pourra dire : voilà le livre de la revanche de la science et du progrès contre l'abêtissement clérical et l'abrutissement de la dynamite.

CHAPITRE II

Ce qu'est le livre. — Sa division en deux parties. — L'homme : côté matériel et côté immatériel.

Ce livre de *la Terre* a une telle valeur scientifique et morale qu'il est appelé à opérer, dans les idées encore trop généralement admises sur le commencement et la fin de l'homme, une révolution telle, que vous ne m'en voudrez pas de laisser de côté la politique courante pour vous en causer longuement.

Du reste, qu'est-ce que la politique, si nous ne pouvons l'asseoir sur des bases solides ?

Comment parler d'améliorer la situation

de l'homme, d'asseoir un gouvernement répondant à toutes nos idées de justice, de paix et de liberté, si notre conception des destinées de l'homme, du bien et du bonheur repose sur des données fausses, si notre religion se trouve sans cesse en contradiction avec notre raison et notre conscience, si, en un mot, nous ne pouvons jamais être d'accord avec nous-même ?

Or, c'est cet accord que le livre de Vauchez doit nous donner en s'appuyant, non sur des révélations plus ou moins contestables, mais sur les données de la science et de l'expérience, données dont quelques-unes pourront peut-être se modifier par suite de nouvelles découvertes, mais dont les principales lignes sont aujourd'hui assez solidement établies pour devenir des lois invariables satisfaisant aux aspirations de notre raison et de notre conscience.

Trop heureux si cette étude peut aider à vulgariser une œuvre et des idées qui doivent être mises le plus promptement possible à la portée de tous pour nous permettre de constituer plus sûrement notre œuvre sociale et morale.

Entrons donc dans le cœur de l'œuvre.

Elle se divise, comme l'homme lui-même, en deux grandes parties, en deux volumes : l'un, est consacré au côté matériel de notre existence, c'est-à-dire à l'étude de la genèse de la terre et de l'homme, à leur développement aux causes qui peuvent influer sur leur développement et sur leur mort ; l'autre, au côté que nous nommons immatériel, de l'engendrement à notre pensée, de ce que nous nommons notre âme, et aux forces motrices qui la gouvernent.

Ces deux parties sont reliées par un chapitre final dans lequel l'auteur expose d'une façon magistrale la solidarité qui lui paraît exister entre elles, c'est-à-dire les liens qui unissent le monde matériel, le monde visible et le monde dit immatériel ou invisible parce que nous ne le voyons et ne le comprenons pas encore, bien que nous le devinions déjà.

L'auteur en arrive à cette conclusion : c'est que la mort est unie à la vie, c'est que notre perfectibilité est indéfinie et « que les créatures, doivent par la loi de « la solidarité, s'unir dans la fraternité « universelle, les meilleurs et les plus sa- « vants ayant l'obligation d'entraîner le « troupeau hostile et ignorant ; c'est le « travail assigné à leur existence ac- « tuelle.

« La route de la science seule conduit « au Maître des mondes. »

Ceci dit, reprenons cette œuvre par le commencement.

Dans la première partie, ai-je dit, l'auteur, laissant de côté la Bible, avec sa création d'un jet et sa terre pivot de l'univers, pose tout d'abord un premier principe, « c'est que tous les éléments de notre « vie terrestre, dérivant de l'état astronomique de notre planète, c'est par l'astronomie que toute science doit commencer. » Ajoutons que c'est ce que paraissent avoir compris les premiers peuples civilisés, les Chaldéens, les Egyptiens, de la science desquels on nous a trop appris à faire fi, et, n'est-ce pas cette science qui a été la base des premières religions ? C'est ce qu'on commence à comprendre... depuis Galilée.

Le livre de Vauchez s'ouvre donc sur la voute céleste, c'est-à-dire par une étude magistrale sur la situation de notre terre dans le ciel.

Loin d'être le pivot de l'univers, le monde pour lequel tous les autres ont été faits et dont Dieu seul s'occupe, elle n'est qu'une des millions de millions de planètes errant dans les espaces célestes, qu'un atome de monde dans l'univers des mondes ; mais on remarque qu'elle fait plus particulièrement partie d'un groupe d'astres qui, comme elle, tournent autour d'un astre plus puissant, d'un soleil, comme une pierre dans sa fronde, qui les maintient dans son orbite par une force magnétique dépendant de la puissance de sa masse.

Ce soleil est une immense fournaise, qui a eu un commencement et qui s'éteindra un jour.

Son rayonnement donne à la terre tous les éléments de sa vie, de même que son attraction la soutient dans l'abîme de l'espace.

« Les religions antiques, dit Vauchez,
« ces premières poésies de l'humanité,
« saluaient déjà dans l'astre radieux le
« grand moteur de la création : elles ne
« faisaient que deviner une forme bien
« pâle encore, la grandeur de l'action
« permanente du foyer de notre système
« sur les mondes qui gravitent dans son
« fécond rayonnement. L'homme instruit
« admire cet éclatant foyer, parce qu'il
« apprécie sa valeur, l'ignorant le vénère
« parce qu'il la devine. — Que deviendrait
« l'humanité si le soleil ne se levait pas
« demain ? »

Après avoir ainsi montré le rôle prépondérant du soleil et nous avoir donné une magnifique leçon de vraie cosmographie, de cosmographie intelligente en nous faisant voir que les autres planètes de notre système solaire ne sont que des mondes comme le nôtre, mondes destinés à servir d'habitat à des êtres vivants, mondes dont les uns commencent et les autres finissent, il nous conduit à travers les espaces que traverse lui-même le soleil, entraînant avec lui tout son système, y compris notre terre, qui ne passe pas deux fois par le même chemin.

« Plus que la terre encore, dit-il, le ciel « est le tableau d'une vie perpétuelle et « infinie. Dans l'espace sans fin, volez par « la pensée, dans une direction quelconque, « que, pendant des mois, des années, des « siècles, toujours, toujours ; jamais vous « ne serez arrêté par une limite, jamais « vous n'approcherez d'une frontière, « toujours vous resterez au vestibule de « l'infini.

« Dans le temps sans fin, vivez par la « pensée, au-delà des âges futurs, ajoutez « des siècles aux siècles, les périodes « séculaires aux périodes séculaires ; ja- « mais vous n'atteindrez la fin, vous res- « terez toujours au vestibule de l'éter- « nité.

« Voilà la terre et l'homme dans le « *cosmos :* un point dans l'infini, une se- « conde dans l'éternité ; mais ce point « c'est notre monde, cette seconde c'est « notre vie. D'où vient ce monde, d'où

« vient cette vie ? C'est ce qu'il faut main-
« tenant chercher. »

Eh bien, lecteurs, regretterez-vous de m'avoir suivi jusqu'au bout ?

Pouvais-je, à l'heure où se termine notre année (1), une de ces secondes de notre vie, vous laisser sous une meilleure impression, sous un meilleur désir d'apprendre, de lire, de pratiquer le bien, de vous associer à cette solidarité de la vie humaine qui nous conduit vers le « Maître des mondes ? »

*
* *

Mais continuons à suivre, avec Vauchez, la marche de notre monde planétaire à travers l'immensité des espaces et à remonter. dans le cours des siècles, au principe de la formation de tous ces mondes qui roulent dans l'univers, paraissent, disparaissent et dont notre pauvre petite terre n'est qu'une minuscule planète.

Tous ces mondes sont le résultat de la condensation de nébuleuses, c'est-à-dire d'une matière gazeuse que nous apercevons répandue dans le ciel sous la forme d'immenses taches blanches comme celles

(1) Ces lignes ont été écrites le 30 décembre 1893,

qui forment ce que nous nommons la voie lactée.

Le livre de Vauchez nous montre, grâce à la photographie, qui ne se contente plus maintenant de reproduire nos images mais qui s'en va jusqu'à dérober les secrets d'alcôve des astres, le livre de Vauchez, dis-je, nous fait assister à la naissance de ces mondes, dans une nébuleuse, du nom d'Orion, que nous n'apercevons guère à l'œil nu que comme un léger nuage et qui pourtant a une épaisseur telle qu'il faudrait quatorze millions d'années à un train marchant à raison de soixante kilomètres à l'heure pour la traverser. Et il y en a comme ça des milliers dans le ciel. Or, l'observation de ces nébuleuses a permis de confirmer l'hypothèse de Laplace et de nous faire voir que tous les mondes, que ceux de notre système solaire en particulier, sont le résultat de la condensation d'une de ces immenses nébuleuses. Chacune de nos planètes, en un mot, a été d'abord un nuage gazeux, puis un soleil, puis un globe refroidi, une terre enfin.

Notre terre est donc une vraie fille du soleil, soleil elle-même jadis, qui peu à peu a perdu sa chaleur et sa lumière pour devenir un monde habitable, et ainsi des autres planètes, et ainsi sera de notre soleil lui-même qui ira se refroidissant et dont le mouvement à travers les espaces a peut-être pour but de lui trouver le soleil qui l'éclairera à son tour quand il sera devenu une terre comme la nôtre ou de le refondre pour former un monde nouveau.

Cette évolution de notre globe pour devenir une terre habitable ne s'est pas faite en un jour : elle a eu lieu par étapes successives, par périodes qui forment comme les grands chapitres de l'histoire de notre monde chapitres dont nous pouvons lire les feuillets à mesure que nous creusons, que nous remuons les terrains qui forment la croûte de notre terre ; tous ont leurs caractères parfaitement distincts, tous portent des empreintes d'êtres qui permettent de les bien reconnaître.

Ces périodes, à partir du jour de la formation d'une croûte solide sur notre globe, ont été désignées sous le nom de période primaire, secondaire, tertiaire et quartenaire.

Tout à l'heure l'auteur nous fera l'histoire de chacune d'elles et nous apprendra à lire dans leurs feuillets.

Autour de la terre, reste une enveloppe gazeuse, c'est l'air que nous respirons. A l'intérieur, la terre reste à l'état de fournaise, « il y règne une haute température « due soit à une prolongation de l'état pri-« mordial incandescent de notre globe,

« soit à des phénomènes de combinaisons
« chimiqnes mystérieusement accomplis
« dans ce laboratoire gigantesque. »

C'est à cet état incandescent que sont dus les éruptions d'eaux chaudes, les tremblements de terre, les éruptions de volcans et tous les bouleversements physiques de notre globe, dont l'auteur nous fait suivre l'effrayante histoire. De cette première étude sommaire de la formation de notre terre, résulte pour Vauchez et pour nous la conviction qu'il ne faut pas voir, ainsi que le fait la Bible, la main de Dieu à chaque formation nouvelle, à chaque nouvelle espèce, mais que tout s'explique par les transformations lentes et successives des formes simples dont nos formes actuelles ont pu dériver.

En un mot, la nature ne procède pas par bonds, mais par avancement régulier, « et l'espèce n'est pas invariablement fixée ; elle se modifie en races, lesquelles en se déterminant forment d'autres espèces. Le devenir est éternel. Tout change, tout se transforme, même l'homme qui, on ne sait pourquoi, fait tant d'opposition à cette vérité. La croyance à la stabilité des choses est une obstination de l'ignorance ; puisse l'étude de la vie à travers les périodes géologiques nous convaincre de cette vérité. »

Nous ne pouvons, à notre grand regret, suivre l'auteur dans l'étude de ces périodes géologiques, étude que nombre de nos lecteurs ont dû faire et qui est aujourd'hui classique ; nous nous contenterons de faire ressortir les points principaux qui marquent le caractère original du livre de M. Vauchez, la façon dont il aborde la solution du problème de la vie.

La première manifestation de la vie n'a pas commencé par un animal primitif, par une monère, mais elle est due à des végétaux dont les animaux n'ont été tout d'abord que les parasites.

Une cellule verte, un de ces petits œufs dont sortent tous les êtres, a donné naissance à une algue verte en décomposant quelque matière minérale ; puis est arrivée la cellule animale incolore, l'œuf dont est sorti l'animal, qui a cherché les éléments de sa vie dans la cellule verte dans le végétal. Alors a commencé le microbe, cet être à la structure simple qui aujourd'hui tient une si grande place dans notre existence, et auquel Vauchez consacre une étude des plus intéressantes dans un chapitre particulier sur l'infection, c'est-à-dire sur les causes de destruction de notre espèce. Nous y reviendrons.

L'animal a donc commencé par être une simple masse protoplasmique, gélatineuse, sans noyau, sans squelette ; puis les cellules se sont multipliées, une peau s'est formée, et enfin est venu une sorte de squelette extérieur, un test, et nous avons eu les *foraminifères protistes*, qui, grâce à ce test calcaire, ont laissé une trace de leur passage dans le terrain dit cambrien, le premier sur lequel on retrouve des empreintes fossiles authentiques. Une cellule verte et une cellule incolore, voilà le commencement de la vie. De là vont naître successivement végétaux et animaux. De là va naître l'homme et, de l'évolution de la vie, nous allons arriver à la formation, à l'évolution de la pensée.

CHAPITRE III

L'homme préhistorique

Continuons notre lecture, et c'est vraiment une lecture politique et toute d'actualité que nous faisons en étudiant les diverses formations du globe et l'évolution de l'homme. Elle nous apprend, en effet, en nous faisant suivre la lente évolution de la vie sur notre globe, en nous montrant combien il nous a fallu de milliers d'années pour passer de la cellule incolore à l'état de mollusque, de celui-ci à l'état de singe et du singe à l'homme, combien est juste ce vieil adage du fabuliste qui nous dit que « patience et longueur de temps font plus que force ni que rage. » Et, tenez, ne devons-nous pas être patients en songeant ce qu'il a fallu de temps et d'efforts pour arriver du premier outil de l'homme, de ce grossier instrument de silex qui servit d'abord à tous les besoins de sa défense, jusqu'à nos armes perfectionnées ? Combien n'a-t-il pas fallu d'années pour passer du pauvre vase de terre, du pot-au-feu primitif, ce mollusque de notre industrie, jusqu'aux machines qui battent nos blés, broyent nos grains, nous font franchir les espaces et nous transporteraient jusqu'aux astres si nous leur trouvions un point d'appui suffisant.

Nous nous plaignons qu'il y ait encore des misères dans nos sociétés civilisées, et nous oublions qu'il a fallu plus de trois cent mille ans pour nous faire passer de l'état de misérable nudité de corps et d'esprit, dans lequel nous végétions, à celui d'homme travaillant la terre et les métaux, à celui d'homme ayant un langage et pouvant s'habiller.

Et encore, y a-t-il aujourd'hui, sur notre terre, nombre d'habitants vivant à l'état sauvage, que nous avons peine à prendre pour des hommes.

Pardon de cette digression et reprenons notre livre. Je voudrais vous faire suivre avec lui les diverses formations géologiques de notre terre, vous faire assister à la naissance de chaque espèce d'êtres, animaux et plantes, arrivant à leur heure dans le terrain qui leur est propre, pour y accomplir leur œuvre et disparaître ensuite pour faire place à d'autres. Ce serait là une excursion des plus attrayantes, grâce au récit si bien ordonné de l'auteur et aux gravures qui complètent sa démonstration. Nous verrions qu'à mesure que de nouveaux terrains se forment, qu'à mesure que le climat et les éléments de la vie terrestre s'améliorent, naissent de nouveaux êtres aux formes plus variées et plus complexes ; mais ce serait dépasser les limites que je me suis tracées, et je dois simplement rester votre introducteur et votre guide, si faire se peut, pour suivre la pensée maîtresse de l'auteur

Disons donc simplement qu'il résulte de cette excursion, ce fait passé maintenant à l'état de loi scientifique, à savoir « que « tout s'enchaîne dans la succession des « terrains et des êtres et que la direction « de l'évolution de l'organisme dépend « des circonstances extérieures; » d'où il résulte cet autre fait non moins certain, c'est que l'organe s'adaptant à la fonction on peut déduire le genre de vie d'un animal de son *organisation*. Montre-moi ta dent, je te dirai qui tu es et comment tu vis. De nos jours, en examinant la conformation d'un individu, sa main, ses doigts, etc., n'en déduit on pas aisément son genre d'occupations ?

Cette règle posée nous arrivons à la naissance de l'homme. L'homme vient du singe qui a vécu pendant toute l'époque tertiaire et lui succède à la formation de la quaternaire. Le singe a engendré l'homme, comme il a lui-même été engendré d'un insectivore quelconque, et pourquoi pas ?

Est il plus ridicule et plus difficile de sortir, par une évolution toute naturelle, constante et conforme aux lois établies scientifiquement. d'un être inférieur, d'un singe, que de naître tout d'un coup du limon de la terre, que de voir la femme sortir du côté de l'homme?

Non, à coup sûr, et si une religion dit oui, la science répond non et la science, c'est la religion de demain.

Il est vrai qu'il y a encore des gens qui ont peine à admettre que le nègre soit un homme et qui le traitent un peu plus mal qu'un animal ; pourtant on commence à s'y habituer. On s'habitue même à voir dans les animaux une sorte de monde, des êtres qui se rapprochent de l'homme, et la loi en est arrivée avec raison à les protéger comme étant du monde. N'est-ce pas avouer que l'homme est sorti de race animale, qu'il sent qu'en réalité il y a un certain lien qui l'unit à elle. Eh bien ! oui, l'homme procède du singe, et les preuves à l'appui de cette thèse scientifique ne manquent pas. Lisez le livre de Vauchez, vous les trouverez en abondance.

Je dirai seulement que le dryopithèque ou anthropoïde, singe du Miocène, se servait d'éclats de silex et connaissait l'usage du feu ; que l'anthropopithèque, singe du Pliocène, découvert récemment en Portugal, se rapproche tellement de l'homme qu'on peut dire qu'il n'est ni homme ni singe, mais le chaînon qui unit les deux espèces.

Cet être a si bien existé qu'il n'est pas tout à fait perdu. Stanley a découvert, en effet, dans l'Afrique centrale, une population naine nommée *Monbouttous*, être moitié homme, moitié singe, au corps couvert de poils, vif et agile, à la figure mobile et expressive de l'anthropoïde.

Les preuves du reste qu'apporte Vauchez de cette dérivation de l'homme de la race simienne sont telles qu'elles ne peuvent laisser dans les esprits ni doute ni trouble. Laissons donc la création biblique et suivons l'homme dans son évolution.

C'est à l'époque quaternaire, époque de l'extension des glaciers en Europe et des animaux gigantesques comme le Mammouth, qu'il apparaît, lui, faible et sans armes, comme chargé de nettoyer la terre et d'en chasser les hôtes terribles qui la peuplent ; alors il ne faiblira pas à sa mission.

L'histoire de l'homme quaternaire ou homme préhistorique, c'est-à-dire avant l'histoire, a été faite pourtant et Vauchez en fait une analyse des plus intéressantes s'appuyant sur les travaux scientifiques de Lubbock, de Leyell, de Nadaillac, de Mortillet, etc. Nous ne pouvons la refaire avec lui, mais nous vous prions, chers lecteurs, de la faire dans le livre, de l'étudier avec soin, car c'est là votre histoire, notre histoire à tous. Elle nous apprendra, en constatant qu'il a fallu plus de trois cent mille ans à notre ancêtre pour perfectionner son outillage, pour passer de l'outil de silex à celui de fer, pour arriver à avoir une histoire : nous deviendrons non seulement plus travailleurs mais plus patients ; nous connaîtrons mieux le chemin à suivre dans l'avenir pour nous acheminer plus sûrement vers nos destinées futures.

Je ne puis, du reste, mieux résumer

cette époque d'enfantement de l'homme qu'en vous donnant la page si émouvante par laquelle Vauchez termine cette étude préhistorique,

Et avant de vous la donner, permettez-moi d'y joindre un petit conseil :

Quand, en vous promenant dans nos champs, sur nos collines, vous rencontrez quelques-uns de ces fragments de silex taillé, et on en trouve parfois de véritables ateliers chez nous, ramassez-les soigneusement ; ce sont là les premiers outils, les premières armes de nos ancêtres. Ce sont nos documents pour écrire leur histoire, que Vauchez résume ainsi :

« L'homme, individuellement, n'est « qu'un atome dans la création ; mais « combien cet infiniment petit recèle de « germes perfectibles. Combien il devient « grand si les ambiants lui sont favora- « bles ! A quel point son cerveau possède « l'aptitude au travail ! Ainsi que le gland « porte en son germe le chêne puissant « qui couvrira de sa ramure une large « étendue, ainsi l'humble cellule portait le « germe de l'homme contemporain, ajou- « tons de l'homme de l'avenir.

« Fils du singe, l'homme a tout créé de « la vie civilisée : luttant, martelant les « métaux, se construisant des abris, des « cités lacustres, tissant, chassant, il eut,

« au milieu de ce labeur constant, des
« heures où l'idéal se révéla à travers les
« ombres de la vie laborieuse et où il pro-
« duisit des œuvres artistiques comme
« celles de l'époque Magdalénienne.

« Nous avons assisté à la formation du
« langage et de l'écriture, ces deux phares
« de l'humanité. De ces ébauches sont sor-
« ties l'éloquence moderne et l'imprimerie,
« la vapeur et les mathématiques : à quoi
« ne peut atteindre un animal qui a ainsi
« évolué ?

« Après des luttes séculaires dont la
« chronologie n'existe pas, après les tra-
« vaux, les crimes, les chutes, les réno-
« vations, les mêlées sans nom, parfois
« formidables et effrayantes, lentement il
« s'élève, lentement il comprend et crée,
« lentement il prend possession de la terre
« qui l'a ébauché ; mais la terre, mère
« prudente et protectrice, ne livre ses
« trésors qu'à ceux de ses fils qui savent
« se munir du bouclier de la science. »

N'y a-t-il pas là, comme je le disais en commençant, une véritable leçon politique et ne pouvons-nous pas dire une fois de plus : patience, travail et science, voilà les armes de la vie.

———

CHAPITRE IV

L'électricité

Je voudrais pouvoir vous dire tous les chapitres de ce livre dont la lecture vous captive de plus en plus à mesure qu'on approche du dénouement, des conclusions finales, veux-je dire ; mais je dois rester, ai-je dit, un simple compagnon de route ; je passe donc sur le chapitre pourtant si intéressant que Vauchez consacre à l homme historique, c'est à-dire à l'étude de la formation de nos continents actuels, de nos arts, de notre société, à la naissance de notre civilisation qui faillit s'éteindre dans l'affreuse nuit du moyen-âge, et je note seulement les réflexions par lesquelles l'auteur les termine, à savoir « que les sociétés antiques étaient égoïstes et considéraient les masses populaires comme des éléments producteurs à leur service.

« Les sociétés modernes, filles des préhistoriques de la Germanie, suivent une voie opposée ; leurs convictions sont différentes ; elles remuent autant les masses populaires que la terre *et ne leur parlent que de leurs droits sans leur imposer de devoirs*. Elles demandent la diffusion des fortunes ; on les dirait montant à l'assaut de l'édifice social ; peut-être y arriveront-elles... pour s'engloutir à leur tour sous ses ruines, car, remarquons-le, no're société est vieille, sceptique, indifférente, plus vieille que Rome à son déclin... et la loi évolutive, tenant sa balance, mesure toujours fatalement l'ivraie et le bon grain, prête à rejeter impitoyablement les facteurs qui la gênent. »

En un mot, une nouvelle évolution se prépare. Et, après cette méditation pleine de grandeur que je voudrais n'être pas une triste prophétie pour nous, l'auteur, se retournant vers le passé que nous venons de parcourir et observant « cette croissance de la terre, sa vitalité puissante toujours en éveil, jamais en défaut, se dit que de telles facultés ne sont pas l'apanage d'un corps inerte, mais d'un corps vivant » ; se demandant alors d'où vient la vie, d'où vient le commencement de l'être, d'où vient la pensée, il remarque que la terre est une combinaison chimique douée d'une puissance électrique qui fut plus grande dans le passé que maintenant. D'autre part, les effets de l'électricité produite artificiellement par l'homme lui paraissent tels qu'on pourrait en déduire qu'aux origines planétaires, le commencement de l'être, la vie, l'apparition de la cellule verte ne furent que la résultante d'un état électrique spécial à notre planète.

Et c'est alors que, poursuivant sa pensée, il écrit ce magnifique chapitre sur l'électricité qui relie la première partie de son œuvre, la partie matérielle, celle de le création matérielle, à la seconde partie, à celle que nous nommons la création de l'immatériel, la création de ce que nous nommons l'âme ou la pensée : il en arriva à cette conclusion :

« L'électricité est la vie, plus que la vie, elle semble être la cause de nos phénomènes psychiques : l'électricité c'est la force causale, la force unique, la cause première des philosophes et le dieu des théologiens. »

Voilà, certes, une thèse des plus hardies qui va faire crier au matérialisme, bien à tort, car Vauchez est spiritualiste, si tant est vrai qu'il puisse y avoir encore des matérialistes et des spiritualistes à l'heure actuelle, car il n'y a qu'un jeu de mots dont on a trop longtemps abusé pour discuter sans fin sur la pointe d'une aiguille. Il n'y a pas deux principes : il n'y en a qu'un.

L'hypothèse de Vauchez sur l'électricité, force causale unique, ramenant à un seul principe de dualisme de la matière et de l'âme, du matériel et de l'immatériel, sera, nous l'espérons, le fil conducteur qui nous servira à nous faire atteindre le but depuis si longtemps cherché, l'unité de cause, l'unité de la vie. Mais n'anticipons pas et disons seulement que le chapitre que M. Vauchez consacre au développement de son hypothèse et dans lequel il accumule avec un soin patient, avec une exquise et savante recherche tous les faits, toutes les preuves qui en doivent faire une loi scientifique, est à coup sûr un des plus captivants, des plus savants de ce livre dont toutes les parties sont pourtant si soigneusement étudiées.

On sent que l'auteur, absolument convaincu de ce qu'il avance, a mis là toute toute son ardeur d'apôtre, de philosophe qui veut faire passer sa conviction à ceux auxquels il s'adresse.

Je craindrais tellement d'en affaiblir la portée que je ne veux que résumer le plus brièvement possible les points principaux de cette démonstration si puissante et si attractive dans sa science.

Tous les jours, nous voyons la mort sous mille formes, et pourtant rien ne meurt; tous les jours nous voyons la vie se manifester de mille façons différentes, et pourtant rien ne se crée. Tout se transforme ; l'un gagne ce que l'autre perd, l'un naît de la destruction de l'autre et il n'y a, dans l'univers, que transformation et échange.

La matière, en effet, n'est pas composée d'une infinité de corps différents d'essence entre eux, comme on pourrait le croire en ne voyant que la variété de leurs formes et de leur état, mais seulement d'un petit nombre de corps, dits corps simples, dont le nombre va même se réduisant chaque jour.

Carbone, oxygène, hydrogène et azote, voilà les quatre corps principaux qui paraissent former presque tous les êtres vivants.

Or, les corps simples, sous leur triple forme solide, liquide et gazeuse, ne sont eux-mêmes que des composés de corpuscules irréductibles, invisibles, qu'on nomme des atomes. Ces atomes, éternels, immuables, se groupent d'éternité en éternité, sous diverses formes, s'unissent pour former un corps, se désagrègent pour en former un autre sous l'impulsion d'un principe dont nous ne connaissons que l'essence et qu'on nomme une force. Donc, *atome* ou matière, et *force* qui les fait mouvoir, voilà les deux principes auxquels se ramène la création.

Ces deux principes ne peuvent-ils pas se ramener à leur tour à un seul, à la force causale? Tel est le problème. Ce principe unique, cette force causale est l'électricité que tout le monde connaît aujourd'hui, et que Galvani reconnut pour la première fois sur un animal, sur une grenouille.

Et des expériences que je ne puis, à mon grand regret, rapporter ici, ont commencé à prouver tout d'abord que tous les phénomènes physiques étudiés sous les noms divers de pesanteur, affinité, chaleur, lumière, son, magnétisme, électricité, au lieu d'appartenir à autant de forces distinctes, ne provenaient que d'une seule, l'électricité, qu'en conséquence il y avait une *unité de force*, comme il y avait une unité atomique. De là, à unir les deux, à voir que la force était dans l'atome lui-même et à montrer que de l'électricité naissait la pensée que nous avons vue, pour ainsi dire, naître à mesure que se développaient les êtres, il n'y a qu'un pas : ce pas, je voudrais vous le faire franchir en vous montrant, avec Vauchez, toutes les énergies terrestres découlant du soleil, de l'énergie solaire qui engendre elle-même tous les phénomènes de notre vie ; je voudrais vous montrer tous ces poissons électriques, ces animaux, ces plantes électriques, l'électricité agissant sur la végétation comme sur la pensée, l'électricité sur la mer, dans les airs, partout en un mot ; mais je dois me borner et en arriver à ce fait constaté : c'est que l'électricité agit sur notre cerveau, sur notre pensée d'une façon indiscutable.

Tout travail intellectuel s'accompagne chez nous d'un phénomène électrique cutané, du développement d'un courant électrique cutané d'une grande force parfois. Ne savons-nous pas, du reste, combien les orages, les tempêtes, c'est-à-dire tous ces mouvements électriques de l'atmosphère agissent parfois non-seulement sur notre corps, mais sur notre pensée ?

De cette étude de la force électrique unique et se retrouvant partout sous toutes les formes, est sortie la conception de l'atome électrique, du premier principe auquel on doit s'arrêter en affirmant l'existence, qu'on l'appelle *matière*, *force ou dieu*.

« Le Cosmos n'est qu'une force immuable, éternelle, dont l'aspect seul varie, et la force perceptible à nos sens, étudiable par nous, comprenant toutes les autres, est *la force électrique*. »

Et je ne puis terminer cette étude sans reproduire la dernière et si émouvante page dans laquelle Vauchez résume toute sa pensée :

« En présence de tels problèmes, la science ne peut marcher que lentement : peut-être la nouvelle étape qui nous révèlera sûrement ce que nous ne faisons qu'entrevoir ne sera-t-elle pas longue à franchir.

« En attendant, nous ne pensons pas que Dieu s'occupe autrement des mondes que par la répartition des lois physiques, des forces agissantes au moyen desquelles la création marche avec un ensemble que rien ne trouble à travers l'infini...

« La terre naît d'un noyau incandescent, elle porte en elle ses germes, elle a été fécondée par la force électrique : elle doit développer la vie depuis la cellule verte jusqu'à un être relativement supérieur qui n'a pas encore paru, qui viendra à son époque géologique, et ce travail persistera aussi longtemps qu'elle aura une vitalité, — alors, elle mourra, car la mort est une loi, laissant au grand laboratoire son travail accompli, sa race faite.

« Ses débris retourneront au creuset... et là, probablement, se reconstituant par de nouvelles agglomérations, renaîtront à une vie nouvelle et recommenceront l'élaboration des races. »

CHAPITRE V

Les Gaz (2e volume)

Le second volume de Vauchez, celui dont nous allons commencer l'analyse, se divise, et peut-être l'ai-je déjà dit, mais il est bon d'y revenir, en quatre parties principales.

La première est consacrée à une savante étude sur les gaz, qui a pour but de nous conduire progressivement à la connaissance des fluides, ces supergaz, si on peut s'exprimer ainsi, mystérieux agents auxquels on a attribué un rôle surnaturel et dont on a fait de véritables esprits.

C'est à l'étude de ces fluides et des sciences qui en découlent, spiritisme, magnétisme, hypnotisme, etc., qu'est consacrée la seconde partie de ce volume ; on en sent de suite toute l'importance, car c'est là que se trouve l'explication du secret des miracles et des religions d'hier.

S'ensuit une magnifique étude sur ces religions en voie de mort ; cette étude forme à elle seule un vrai livre que tout le monde doit vouloir lire : aussi espérons-nous et sommes-nous déjà presque certain que M. Vauchez voudra bien la séparer du reste de son ouvrage pour la mettre à la portée de tous, en y joignant bien entendu, ses conclusions, c'est-à-dire la partie qui traite de l'idée nouvelle, de cette religion scientifique qui sera la religion de demain, et de sa morale indépendante basée sur la solidarité du monde visible et du monde invisible, du vivant et du mort.

Cette étude arrive à point, répétons-le bien, pour nous arracher au scepticisme actuel qui nous englue depuis trop longtemps dans le cléricalisme et conduit droit à l'anarchisme. C'est dans l'idée nouvelle, dans l'idée de perfectibilité et de continuité de la vie, dans l'effort constant vers le mieux par la recherche scientifique, que nous trouverons le véritable remède au mal social que, ni la croyance aux miracles, auxquels on ne croit plus, ni celle aux effets régénérateurs de la bombe assassine ne peuvent nous donner.

Cherchons donc ; et si nous pouvons ne pas admettre toutes les théories de l'auteur, nous sommes sûrs dans tous les cas d'être sur le chemin qui conduit vers le dieu inconnu, vers celui qui n'agit pas par de vains caprices, qui ne se laisse pas évoquer par des jongleries plus ou moins grotesques mais qui a soumis la marche de l'univers à des lois fixes et immuables et qui se révèle à nous quand nous savons le conquérir par le travail et par l'observance du devoir.

Et, puisque nous avons parlé de religion scientifique, disons de suite ce que nous entendons par la science, mot dont on use et dont on abuse sans le comprendre.

La science n'est rien sans la philosophie : aussi jadis les unissait-on sous le nom de sapience, qui voulait dire à la fois savoir et sagesse. La science, dit Vauchez, n'a pas eu, comme on le croit, pour point de départ, la soif de savoir, mais elle est née progressivement et d'une façon quasi-inconsciente par une conséquence de la loi du travail imposée à l'homme.

« Toute science dérive d'un art et on peut dire qu'elle est la satisfaction réservée à l'homme pour prix de son labeur quotidien. A l'observation de la grande loi du travail, non pas du travail isolé, mais de celui qui groupe en faisceaux toutes les faces du corps social, est attaché ce privilège d'élever peu à peu l'esprit de l'homme à des hauteurs où, dégagé des intérêts matériels, il lui est donné de contempler en philosophe la grandeur de la création. »

Un mot qui résume toute la science, c'est l'*ordre* et on peut le définir : « *L'effort tenté par l'intelligence humaine pour acquérir la connaissance de l'ordre qui règne dans la création et des lois qui en sont la cause.* »

Avant d'acquérir la clarté qui la caractérise de nos jours, la science moderne qui a réduit tous les phénomènes matériels à des mouvements, à des déplacements de la masse et de l'énergie des corps, a dû subir des temps d'arrêt qu'il lui était matériellement et moralement impossible de franchir, et cela parce qu'elle se trouvait en désaccord avec certaines révélations dites religieuses. On sait ce qui advint à Galilée pour avoir osé prouver que le soleil était immobile et que la terre tournait.

Pour plus de sûreté, la religion catholique incarcéra, tortura, brûla les hommes assez osés pour chercher à expliquer les phénomènes de la nature.

De ces chercheurs on fit des hommes dangereux, mal famés, des gens livrés à des études quasi-diaboliques et, de nos jours encore, il reste une sorte de crainte superstitieuse à l'encontre des gens qui étudient ces sciences physiques qui ont nom : magnétisme, hypnotisme, spiritisme, etc., sciences qui restent dans le domaine de l'empirisme au lieu de se développer au grand jour, qui, seul, peut écarter les dangers de toute expérience faite dans l'obscurité.

Changez les sciences occultes en sciences positives, et vous n'aurez rien à en redouter, tout au contraire ; mais c'est ce que les religions ne veulent pas et pour cause : leur prestige tomberait avec le voile qui les cache.

« De ces sciences destinées à expliquer les phénomènes de la nature, il n'en est aucune, dit avec raison Vauchez, qui soit plus propre à exciter l'imagination que la chimie avec ses merveilleuses expériences. Aussi, les premiers chimistes, les alchimistes, comme on les nommait, eurent-ils de rudes temps d'épreuves à passer. Celui qui aurait eu le courage de montrer au public qu'un corps identique à l'air, qu'un gaz pouvait s'enflammer avec bruit au contact d'un corps incandescent, eût été infailliblement tenaillé, torturé, brûlé. »

L'alchimie avait pourtant pris naissance dans les temples ; elle avait été *un art sacré, l'art hermétique*, connu des prêtres de l'Égypte. Les initiés de cet art sacré tâchaient de faire en petit ce que le divin créateur avait fait en grand : ce qui faisait d'eux, aux yeux du vulgaire, les vrais représentants de la divinité. Ils avaient dont tout intérêt à ne pas dévoiler leurs secrets et à les envelopper de toutes sortes de nuages pour cacher leurs découvertes.

Les alchimistes continuèrent ces études, et c'est grâce à leur patience et à leur courage que la chimie a pu enfin devenir une science exacte, à laquelle Messieurs les anarchistes mêmes trouvent du bon, et que nous en sommes arrivés à la connaissance de la pesanteur de l'air et des corps gazeux pondérables nommés jadis fluides élastiques.

Je voudrais pouvoir, avec Vauchez, vous faire pénétrer dans le laboratoire d'un de ces maîtres de l'art sacré, et vous montrer combien paraissaient naturelles alors les conclusions qu'ils tiraient de leurs expériences ; mais ce serait sortir des bornes que je me suis tracées. J'en cite seulement une en passant : « On calcine du plomb au contact de l'air ; il perd aussitôt ses propriétés primitives et se transforme en substance pulvérulente ; en reprenant ces cendres qui sont le résultat de la *mort du métal*, et en les chauffant dans un creuset avec des grains de froment, on voit le métal renaître et reprendre sa forme et ses propriétés primitives. » N'est-ce pas là le miracle de la résurrection sur une petite échelle ?... Les grains de froment deviennent le symbole de la vie et par extension celui de la résurrection et de la vie éternelle, non pas tant parce qu'ils servaient à la nourriture de l'homme que parce qu'ils étaient employés à rendre la vie aux métaux.

Vous savez comment on crut longtemps à l'*horreur de la nature pour le vide*; ce n'est qu'en 1643 que *Torricelli* prouva la pesanteur de l'air entrevue par Galilée.

Je ne suivrai pas Vauchez dons son si savant chapitre sur la théorie moléculaire des gaz, sur leur origine, sur l'opinion que s'en faisaient les alchimistes, sur la vitesse des molécules gazeuses : ce sont là des études avec lesquelles tous nos lecteurs peuvent n'être pas familiers ; nous renvoyons au livre lui-même ceux qu'elles peuvent intéresser. Disons seulement que la théorie des gaz n'a pas encore pris dans la science un rang définitif et qu'elle a encore plus d'un progrès à faire pour achever son évolution définitive.

CHAPITRE VI

Les fluides : spiritisme, magnétisme, hypnotisme.

« Voilà des questions, dit Vauchez, qui ont le singulier privilège d'exciter la colère ou le sarcasme, » et on pourrait ajouter ou la peur. Beaucoup de personnes en sont encore là aujourd'hui, en effet, et ne peuvent entendre parler de spiritisme sans hausser les épaules, sans vous regarder avec effroi comme une sorte d'halluciné. Pourquoi ? Nous l'avons dit : « ce n'est pas tant parce que jusqu'ici l'étude de certains phénomènes de spiritisme ou de magnétisme n'a pas donné de résultats rigoureusement scientifiques, que par suite de la longue mise à l'index de l'occultisme par l'Eglise qui veut bien, qui ordonne même qu'on croie à ses miracles, mais qui n'entend pas qu'on cherche à en pénétrer les secrets. Il en est résulté pour nous une sorte d'affaiblissement intellectuel et de crainte superstitieuse qui fait regarder ces études non-seulement comme inutiles mais comme dangereuses, comme troublantes pour l'esprit et le corps. »

Qu'il y ait, comme le dit encore avec raison Vauchez, une certaine sagesse à calmer par le scepticisme les imaginations qui pourraient se surexciter dans ces recherches de l'inconnu, en côtoyant ces précipices sans fond qui donnent le vertige, il n'en est pas moins certain qu'il est bon de réagir contre cette sorte d'ostracisme des sciences dites occultes, de nous habituer à voir clair dans les ténèbres, à marcher d'un pas ferme dans les sentiers escarpés, tout en prenant, bien entendu, à cet effet, les précautions convenables, c'est-à-dire en fortifiant notre entendement, en n'allant que pas à pas et d'une façon absolument scientifique.

Nous verrons ainsi que ces recherches ne présentent pas plus de dangers que n'en présentaient jadis les voyages de circumnavigation, quand de hardis marins doublèrent le cap des Tempêtes, devenu aujourd'hui le cap de Bonne-Espérance.

Faisons comme eux. Explorons avec calme, avec méthode, les régions inconnues, ne serait-ce que pour apprendre à nos enfants, à ne pas avoir peur des spectres qui hantent nos greniers, des esprits qui font mouvoir des tables, des choses qui portent malheur, à ne pas s'étonner de certains phénomènes de pressentiments, de communication de la pensée à distance qui, aujourd'hui encore, nous laissent inquiets et troublés.

Nous reconnaîtrons ainsi que derrière tout cela il n'y a ni sorcellerie ni miracles, ni dieux ni diables, mais tout simplement des manifestations physiques dérivant de lois encore inconnues, un domaine de faits purement matériels, purement terrestres, un cap des Tempêtes à doubler, des fluides à étudier. Le fond de tout cet occultisme, en effet, n'est autre qu'un quatrième état de la matière qui commence à prendre rang dans la science, que l'action de fluides inconnus et, en particulier, l'existence d'un fluide magnétique, agent universel auquel notre planète est soumise et qui jaillit continuellement non-seulement de notre corps, mais en outre de tous les corps de la nature. Esprit, souffle, fluide, tout cela ne fait qu'un. C'est ce fluide qu'on représente jaillissant des doigts de nos saints et entourant leur tête d'une sorte d'auréole lumineuse.

Il ne s'agit pas, bien entendu, de bâcler de suite, à ce sujet toute une théorie qui serait sans valeur se trouvant basée sur des documents encore incertains et épars, mais de chercher la voie logique pour étudier ces faits si curieux de l'occultisme, du magnétisme veux-je dire, qui nous causent parfois une si terrible appréhension et qui ne font qu'un avec ceux de l'hypnotisme et du somnambulisme. « Il y a là tout un immense champ d'investigations ouvert aux chercheurs : couleur et visibilité des fluides, leurs extensions diverses, leurs qualités spéciales, somnambulisme, lucidité, etc. » Il s'agit de faire passer en un mot, dans le cadre des sciences positives certains phénomènes jusqu'ici insaisissables, mais que nous arriverons certainement à connaître si nous savons les rechercher avec méthode.

En attendant mieux on a classé ces phénomènes en deux groupes principaux : phénomènes psychiques et phénomènes physiques. Dans le premier, on a rangé certains faits dits de télépathie, c'est-à-dire de communication à distance, sans le secours d'un fil conducteur. Ainsi, par exemple, une personne agit, à distance, sur la volonté d'une autre personne, impose sa pensée, la fait agir. A côté d'eux, viennent les faits dits de lucidité, c'est-à-dire de connaissance par un individu de faits se passant à distance et non percevables par nos sens ordinaires, comme la vue d'un incendie à trente lieues de distance ; puis, viennent les faits de pressentiments, de prophéties, c'est-à-dire de vue dans le lointain du temps, de même que nous voyons dans le lointain de l'espace. Pourquoi pas ? Il n'y a rien là qui soit contraire à notre raison ni aux lois naturelles. Le temps et l'espace ne sont-ils pas en réalité une seule et même chose, des dimensions d'un même tout.

Si nous percevons l'une par les yeux du corps, l'autre peut être perceptible, pour certains, par les yeux de l'esprit, c'est-à-dire à l'aide d'un sens que nous ne connaissons pas encore mais dont nous soupçonnons l'existence. Un pigeon ne retrouve-t-il pas son nid, bien qu'on l'ait emporté à cent lieues de là dans un panier fermé ? Qui n'a entendu parler de faits de pressentiment des plus sérieux ? Qui même n'en a eu ? N'est-il pas plus rationnel du reste et moins absurbe, d'attribuer ces phénomènes à des causes naturelles, mais que nous ne connaissons pas encore, que de les attribuer à des miracles qui n'expliquent rien.

Et de même pour les faits physiques, faits qui se composent de certains mouvements d'objets matériels, de déplacements sans contact et même de certaines apparitions de spectres, qu'on affirme aujourd'hui pouvoir photographier.

On peut y ajouter aussi ce phénomène très curieux que cite Vauchez d'un forgeron, complètement étranger à l'art du dessin, qui est pourtant arrivé, sous l'inspiration de Raphaël, dit-il, à faire des dessins vraiment admirables de composition et de facture, dont on trouvera dans le livre deux spécimens des plus intéressants.

Allons-nous croire aux spectres, aux tables tournantes, aux esprits frappeurs, me direz-vous ? Je vous répondrai tout simplement que « la pensée est matière, que cette matière est mise en mouvement sous la direction de l'intelligence » et qu'elle peut se transporter matériellement d'un point à un autre, qu'elle prend un corps et que certaines gens plus impressionnables que d'autres peuvent voir ce corps : de là, par exemple, l'explication de cette expérience cent fois répétée et toujours avec le même succès par Charcot, l'éminent docteur aliéniste qui vient de mourir tout récemment dans notre Morvan. Prenant une feuille de papier blanc, il la présente à une de ses pensionnaires, en lui disant : « Tenez, voici ma photographie que je vous donne, » et celle-ci d'examiner cette feuille, d'y bien reconnaître la photographie de Charcot et d'en donner tous les détails.

Qu'on mette cette feuille blanche au milieu d'autres, elle la retrouve sans la moindre difficulté et la conserve comme étant bien la photographie qu'on lui a donnée. Pourquoi ? C'est que la pensée de Charcot a vraiment tracé sa photographie sur ce papier et que cette photographie est visible pour l'aliénée douée d'un sens plus exquis, plus subtil que les nôtres. N'a-t-on pas pu solidifier, pour ainsi dire, notre image fugitive apparaissant dans une glace au moyen de certains procédés qui ont fixé cette image et qui permettent ensuite de la reproduire ? Quoi d'étonnant à ce que notre pensée se fixe de même et devienne visible pour un cerveau sensibilisé ?

Donc, ne nions pas de parti pris; les expériences du genre de celle que je viens de relater ne sont pas l'œuvre d'empiriques, mais de savants patentés, de Charcot, de Richet, etc. Regardons-les donc de bonne foi et examinons simplement ce que valent certaines hypothèses ; faisons nos réserves, n'ayons que le doute scientifique, et rien de plus.

Si, comme je le disais, tous les phénomènes de l'occultisme sont loin d'être expliqués, il n'en est pas moins certain que les causes naturelles de quelques-uns d'entre eux commencent à être entrevues et qu'un jour viendra où on les verra en pleine lumière.

Le magnétisme, comme la chimie, paraît entrer à son tour dans sa voie scientifique. A côté de la force physique de l'aimant, on a déjà reconnu une force dite « physiologique » qui agit sur le corps humain, qui se fait sentir sur l'organisme bien qu'étant sans action apparente sur l'aiguille aimantée.

Cette force se transmet à tous les corps de la nature, tandis que la force physique de l'aimant ne se transmet qu'aux métaux magnétiques ; qui plus est, on a constaté dans l'aimant une troisième force inhérente à la nature même de tous les corps et en particulier à leur nature métallique.

C'est elle qu'on applique déjà avec succès dans l'art de guérir, sous le nom de *Métallothérapie*, et, soit dit en passant, j'ai été témoin de guérisons très curieuses obtenues par l'excellent docteur Burke, il y a déjà nombre d'années, par le moyen de la Métallothérapie.

Sans aller plus loin, car il faudrait vous dire tout ce si intéressant chapitre, disons que ce fluide magnétique, sous ses différentes formes, était connu des anciens et qu'il a reçu différentes dénominations. On a dit que *c'était un esprit qui vivifiait la matière, un souffle qui présidait à ses mouvements*. On l'a nommé aussi : *l'âme du monde, l'âme universelle, l'esprit universel, le fluide universel* ; c'est enfin l'*od de Reichembach* et des philosophes modernes qui expliquent par lui tous les phénomènes psychiques, phénomènes physiques de mouvement, de lévitation, etc.

Ajoutons donc seulement pour terminer que le fluide magnétique possède une influence heureuse et fort appréciée, aujourd'hui pour la cure de certaines maladies réputées pour incurables, et que nous avons la quasi-certitude que l'étude des fluides nous conduira à l'explication toute naturelle de phénomènes réputés jusqu'ici comme miraculeux.

Etudions, travaillons et nous verrons.

CHAPITRE VII

L'humanité religieuse. — L'histoire des religions.

Voilà un chapître qui arrive à son heure et que tout le monde voudra et devra lire, car il est de nature à dissiper bien des préjugés pour et contre la religion. Je ne puis malheureusement que donner une trop faible idée de l'élévation d'esprit, du savoir et de la haute impartialité avec lesquels Vauchez traite ce si émouvant sujet de nos éternelles querelles.

Il faudrait pouvoir en reproduire en entier presque toutes les pages, surtout celles qui concernent l'histoire du catholicisme et de l'humanité païenne. Je m'excuse donc d'avance de demeurer si inférieur à mon sujet dans la rapide analyse que je vais tâcher d'en donner.

« Les religions sont nées, dit Vauchez, du sentiment qui se trouve trop à l'étroit au milieu des réalités vulgaires, et de l'espérance plus forte que tous les raisonnements... Partout où s'est rencontrée une douleur inconsable, un droit irrité ou blessé, une aspiration contrariée et demeurée inassouvie, le sentiment religieux a dû se manifester.

« Les religions sont des illusions collectives créées par le sentiment, des poèmes peuplés de chimères, dominés par l'espérance et le rêve. Ce sont des œuvres de foi et d'amour, non des créations scientifiques Le Jésus qu'on adore n'a jamais existé, et il en est ainsi de tous les dieux. »

Et, comme on l'a dit encore, la « terreur et la reconnaissance font les dieux, suscitent les légendes et enveloppent la terre d'une atmosphère de croyances. »

Faut-il ajouter qu'elles se développent et qu'elles se maintiennent par l'habitude, par l'éducation, souvent même par la force, et qu'elles périssent forcément quand arrive le scepticisme, ce ver rongeur des vieux saints qui fait tomber les idoles en poussière et laisse place nette à la science et au progrès.

Il est certain que les religions répondent, en un mot, à une sentimentalité respectable et à un besoin de l'esprit et du cœur : aussi si elles s'en étaient tenues là, si elles n'étaient restées que des aspirations vers l'idéal, personne n'aurait-il songé à les traiter de misérable jonglerie, ni même à rire de la crédulité enfantine des premiers fabricants de dieux ; mais malheureusement, elles ont eu l'aveugle témérité de vouloir préciser ce qu'elles ne connaissaient pas : elles ont voulu transformer en dogmes infaillibles des hypothèses plus qu'aventureuses en nous les donnant comme des révélations divines, en nous affirmant que le souffle était de l'or pur. Qu'en est-il résulté ? C'est que l'incrédulité est arrivée ; c'est qu'après avoir ri des faux dieux, on a fini par les jeter à l'eau.

De ces hypothèses mensongères, la plus générale est la croyance au miracle. Si encore le miracle n'était donné que comme une simple affirmation de forces de la nature restées jusque-là insoupçonnées ou méconnues, on aurait pu passer sur cette théorie qui n'a rien de contraire à la raison ; mais, au lieu de nous le donner comme tel, elles ont dit : « le miracle est une contradiction des lois de la nature » ; c'était dire qu'un bâton n'avait pas deux bouts, c'était tomber dans l'absurde, dans la négation absolue de l'ordre constant qui règne dans les lois de la nature, dans la négation même du Créateur.

Qu'en est-il advenu ? C'est que la puérilité de certaines narrations une fois démontrée, le voile miraculeux une fois levé, tout s'est écroulé : l'incrédulité a fait place à la foi, le scepticisme à la croyance aveugle, et le sentiment religieux lui-même, froissé d'être ainsi déçu, s'est évanoui. Les religions ne peuvent donc s'en prendre qu'à elles-mêmes de leur chute. Nous, nous disons : ni désespérance ni scepticisme aveugles ; espérons, croyons, mais avec les yeux de la science et de la raison.

Pour mieux nous montrer comment les religions naissent, se développent et meurent, Vauchez fait passer devant nos yeux, en une série de superbes tableaux, l'histoire de celles qui ont exercé sur notre monde occidental le plus d'influence : le jéhovisme, le christianisme, le catholicisme, le protestantisme, la religion musulmane, complétant cette étude par un chapitre des plus intéressants, des plus inédits, sur le cinquième évangile, un évangile non chrétien, peut-être anti-chrétien, qui vient là non comme une apologie ou une critique, mais dans l'intérêt seul de la recherche de la vérité historique. Vient enfin une étude sur la religion naturelle, puis un chapitre de la plus haute valeur sur l'humanité païenne et sur les religions sans dieux, car il y en a. Ce n'est qu'après nous avoir mis sous les yeux tous les documents qui peuvent nous éclairer, qu'après nous avoir montré toutes ces religions mortes ou en train de mourir, le scepticisme pénétrant partout, qu'il nous montre la religion de l'avenir, l'idée nouvelle, celle qui ne laissera derrière elle ni décevance ni désespérance.

Nous ne pouvons jeter qu'un rapide coup d'œil sur ces tableaux si émouvants dont il est presque impossible de donner une description sommaire sans en altérer la grandeur ; aussi nous contenterons-nous le plus souvent de citer les principales pages du livre, le seul moyen d'en reproduire exactement la pensée.

Le *Jéhovisme.* — La religion juive, la souche mère de nos religions est contenue toute entière, comme on le sait, dans un livre qu'on nomme la Bible, le livre des livres, pour les croyants, le livre sacré par excellence, véritable écho du ciel.

Si on s'en rapporte aux récits de ce livre, les Juifs auraient commencé par adorer plusieurs dieux et le veau d'or eut longtemps leurs hommages. Ce n'est pas sans peine qu'ils se décidèrent à prendre pour dieu unique Jéhovah qui leur avait fait les plus belles promesses en même temps que les plus terribles menaces. Ce dieu est leur dieu à eux seuls ; ils en sont le peuple privilégié et il reste l'ennemi de tous les autres peuples, de telle sorte qu'on serait tenté de se demander si le juif a été créé pour Jéhovah ou Jéhovah pour le juif. Ce dieu est tout, il conduit tout, et l'Etat, la loi, la morale c'est lui.

Jéhovah, c'est le roi des rois : « Il gou-« verne le monde suivant les caprices de

« sa volonté — pour lui, il n'y a pas de « lois directrices et immuables — il trou- « ble, quand il lui plaît, par les coups « d'Etat du miracle, l'ordre ordinaire des « choses, ressuscitant les morts, faisant « rétrograder le cours des siècles pour « rajeunir un vieillard, arrachant à la « terre ses prophètes bien-aimés et les « transportant au ciel sur un char de « feu. » Il commande par ses prêtres qui sont en relations directes avec lui et qui donnent, en son nom, des ordres dont les rois doivent être les fidèles exécuteurs.

On voit de suite les conséquences d'une pareille doctrine. Le bon roi, ce sera David qui danse devant l'arche, et peu importe qu'il soit couvert de débauches, qu'il commette crimes sur crimes : il est roi selon le cœur du prêtre. De même en est-il advenu chez nous quand on eût implanté en France la doctrine juive, ressuscitée par les jésuites et par Bossuet.

Louis XIV malgré ses débauches et ses crimes d'Etat fut le roi selon le cœur de dieu, puisqu'il avait été le docile instrument du prêtre.

De là aussi, cette conséquence fatale qui fit du peuple juif un peuple constamment isolé et cette confusion si funeste de la notion d'Etat avec la notion d'Eglise, si terrible pour les peuples qui ont adopté cette maxime qu'on veut nous imposer encore aujourd'hui du dieu régnant socialement, spirituellement et temporellement.

Le juif soumis à cette doctrine resta donc le peuple le plus clérical de l'univers et c'est là ce qu'on entend faire aujourd'hui de nous.

La Bible, cet ancien testament donné par Jéhovah à son peuple et devenu la base de nos religions, n'est, il faut le dire, et c'est ce que les Protestants éclairés reconnaissent maintenant : « qu'un livre remanié, fourmillant d'erreurs, portant les traces du plus hétéroclite des amalgames et des contradictions les plus énormes ». Il est néanmoins curieux, à titre de document humain, en nous montrant comment on écrivait, comment on rêvait, comment on pensait, il y a plusieurs milliers d'années, chez un petit peuple d'Orient.

S'il en est ainsi de la base, et il n'y a pas à en douter, que penser du reste ? « La morale perd, dans de pareilles conditions, son caractère universel qui est d'être au-dessus des circonstances locales, des prétentions de races et des vanités individuelles. Le christianisme héritier, ainsi que nous allons le voir, de l'esprit juif, n'a pas détruit cette fatale aberration : il se l'est appropriée aux dépens des juifs eux-mêmes et au plus grand préjudice de la conscience humaine et de la civilisation. »

CHAPITRE VIII

Christianisme, Catholiscisme, Protestantisme

Et maintenant que nous savons à quelle négation de la morale aboutit en somme le Jéhovisme, passons à l'examen des religions qui en dérivent directement : le christianisme, le catholicisme et le protestantisme

Je ne puis, ai-je dit, que signaler simplement à l'attention du lecteur ces chapitres si remarquablement écrits, si vigoureusement pensés qu'il faut lire en entier si on veut bien comprendre pourquoi ces religions restent impuissantes et sont déjà mortes ou quasi-mortes.

Le christianisme n'est qu'une continuation du judaïsme, à l'ancien Testament (la Bible), on a ajouté, pour le compléter, le nouveau Testament (les Evangiles). Or, les Evangiles ne sont pas des biographies mais des apologies de Jésus, c'est-à-dire de pieux racontars sans valeur historique.

Aussi tout essai d'une vie de Jésus, dit avec raison Vauchez, n'est-il qu'une mystification volontaire ou inconsciente. Ces Evangiles, dont le plus ancien n'a été écrit que cinquante ou soixante ans après Jésus-Christ, ne sont même pas, du reste, d'accord entre eux. Les trois premiers, dits synoptiques, donnent Jésus comme un juif d'origine sacrée. ayant le don des miracles, échappant à la mort par la résurrection, ce qui était arrivé à d'autres avant lui, et suscité par Jéhovah pour la libération du peuple de Dieu. Le quatrième Evangile, au contraire, en fait un sorte d'être divin, un *verbe* de Dieu. C'est là une conception grecque et néo-platonicienne sans valeur au point de vue de la certitude des faits.

En réalité, la vie et les miracles de Jésus constituent un pur roman théologique, le christianisme paraît donc né d'un amalgame de conceptions juives et grecques et la résurrection, cet évènement sur lequel repose en somme toute la croyance en la divinité de Jésus n'a été l'objet d'aucune vérification historique ; c'est une croyance « un de ces miracles qui sont vrais quand on y croit, comme le dit si finement Littré, et qui cessent de l'être quand on n'y croit plus. »

Hélas! il a fallu bien de l'imagination pour transformer le modeste fils du charpentier en un tiers de dieu, lui qui n'en admettait qu'un : « le père céleste. » Il en a fallu bien plus encore pour faire de sa mère, avec laquelle il ne paraît pas avoir toujours vécu en bonne intelligence, la mère d'un dieu et la femme d'un dieu. Ce sont là des conceptions qui ont donné naissance à bien des controverses, qui ont fait couler des torrents de sang.

N'attribuons pas, du reste, à Jésus, la paternité de pareilles doctrines démenties à chaque instant par ses paroles. Le fondateur, théologiquement parlant du christianisme, fut saint Paul qui, tout en se convertissant, conserva l'esprit juif et avec lui le dieu fort et jaloux des Hébreux qui, de toute éternité, a préparé les « bons » pour le salut et les « méchants pour la damnation.

C'est ce qu'on nomme la doctrine de la prédestination, doctrine fataliste aussi monstrueuse et aussi contraire au doux esprit de Jésus que celle de la damnation éternelle, de ce rôtissement sans répit qui fait tomber la religion dans de répulsives extravagances.

Saint Paul fut, avons-nous dit, l'organisateur du christianisme et de ces communautés de croyants qui, persuadés que Jésus ne tarderait pas à revenir vivant et glorieux sur les nuées du ciel pour juger les vivants et les morts, subirent courageusement toutes les souffrances pensant acheter ainsi le bonheur éternel. Ces croyants à la *Parousie* prochaine, c'est le nom sous lequel on désignait cette venue du Christ, allèrent jusqu'à mettre leurs biens en commun, pensant n'avoir plus besoin de biens privés puisque le monde allait être anéanti.

La génération de Jésus et de saint Paul passa et la *Parousie* ne vint pas. On la remit à l'an mille et, pendant ce temps, les nombreuses églises qui s'étaient formées et qui avaient chacune leur morale, leur évangile, leur enseignement, disparurent peu à peu pour faire place « à la grande Eglise qui, créant des dogmes nouveaux, transformant les anciens, établissant une morale particulière, inventant une hiérarchie puissante et une organisation formidable devint ce que nous appelons le catholicisme. »

C'est au bandit Constantin, dit le Grand, qu'on doit cette érection du christianisme en cette religion officielle qui, en montant sur le trône des empereurs romains, s'éloigna de plus en plus de cette religion qui avait commencé à être celle des humbles et des persécutés.

Les dogmes, comme nous venons de le dire, se modifièrent : les petites églises disparurent ; Marie fut élevée au rang des déesses ; Jésus devint la seconde personne de la Trinité, de la religion à trois têtes et et le concile de Nicée déclara anathèmes ceux qui ne croiraient pas à sa divinité.

Les Ariens s'y refusent et chrétiennement on les massacre. Ce n'était que le commencement.

Le paganisme vaincu ne mourut pas, du reste, tout entier. « Les vieilles religions, lorsqu'elles succombent, lèguent une partie d'elles-mêmes aux religions nouvelles. Le peuple en se convertissant, conserva ses usages, ses fêtes antiques et se contenta de les baptiser de noms nouveaux. Le culte de Marie fit des emprunts à celui de Vénus ; Jésus-Christ prit plus d'une fois la place d'Apollon » et, ainsi que je l'ai montré plus d'une fois, les vieux dieux se métamorphosèrent en bons saints pour conserver leur place au feu et à la chandelle.

Ce ne fut pas tout : Constantinople étant devenue la ville impériale, son église fut, pendant un certain temps, la principale église et son évêque le premier des évêques.

Mais ce n'était pas là l'affaire de Rome qui n'avait pas abdiqué toute idée de retour à son ancienne suprématie et n'en restait pas moins la ville des Césars, la vieille capitale du monde romain. Grâce à un mauvais jeu de mot et à un petit roman habilement arrangé, on lui rendit son rang et on fit la ville éternelle.

Jésus avait dit, paraît-il, à Pierre : « Tu es Pierre et sur cette pierre je bâtirai mon église, » d'où on en conclut que la ville où Pierre avait évangélisé devait être la métropole religieuse du catholicisme. Pierre, il est vrai, n'était jamais venu à Rome : les théologiens ne sont pas embarrassés pour si peu : ils affirmèrent qu'il y était venu. On bâtit un petit roman sur ce voyage et le tour fut joué.

De tout cela, on fit un dogme et l'évêque de Rome, la ville éternelle, la ville sainte, devint un dieu sur terre, ayant le pouvoir « de lier et de délier » tenant en mains les clefs du Paradis.

C'est, dit Vauchez, l'idolâtrie dans ce qu'elle a de plus monstrueux. Nous n'y contredirons pas. Qu'on imagine encore des dieux célestes, cela se comprend mais un homme-dieu, cela dépasse toute imagination et ceci me fait souvenir d'un trait de Vauchez que j'ai omis de relater en parlant du Dieu créateur qui, d'après la Bible :

« *fit l'homme* à son image. » « L'homme, dit-il, le lui a bien rendu depuis. » Et de fait en faisant du Pape un dieu, l'homme a bien rendu à Dieu la monnaie de sa création.

Ces papes, on le sait, prirent au sérieux leur rôle de Dieu sur terre. Ils voulurent devenir très effectivement rois temporels et rois spirituels, dominer sur tous les rois et sur tous les peuples, et c'est encore aujourd'hui leur prétention. On put même croire un moment qu'ils allaient réussir dans leur entreprise, « mais grisés par cette puissance surhumaine qu'ils s'étaient arrogés, les successeurs de saint Pierre tombèrent dans les pires inepties de l'infatuation, dans les crimes les plus violents et les débauches les plus abjectes. »

A un moment, on en vit jusqu'à trois à la fois, tous trois infaillibles, tous trois s'excommuniant mutuellement. « Et Dieu impassible les regardait faire. » Un jour peut-être nous reparlerons de leur histoire.

A l'exemple de leur chef les membres de ce clergé qui n'étaient rien dans la primitive Eglise et qui étaient devenus tout dans la nouvelle, devinrent aussi dissemblables que possible des compagnons de

Jésus gens mariés et honnêtes pères de famille pour la plupart.

C'est alors qu'on créa toute cette milice d'hommes et de femmes « vierges », de religieuses, de moines, de prêtres, sous prétexte que Marie étant vierge, la virginité était chose agréable à Dieu. L'Evangile disait bien, il est vrai, que Jésus avait des frères, ce qui ne laissait pas d'être quelque peu embarrassant : on les changea en « cousins-germains » et le tour fut joué.

Les moines, lancés par la papauté dans toutes les directions, s'en allèrent prêchant que le Pape était le représentant de Dieu sur terre, que l'enfer était réservé à quiconque mettrait en doute son autorité et que le paradis appartiendrait aux dociles, à ceux qui voulaient bien payer, veux-je dire.

Les prêtres, de leur côté, organisèrent des tribunaux pour poursuivre ceux qui auraient l'audace de s'insurger contre leurs doctrines. On brûla les juifs, on brûla les hérétiques, on brûla les sorciers, on brûla les savants et brûler devint la grande besogne de l'Eglise.

Mais à quoi bon poursuivre la description de ce trop vrai et trop effrayant tableau :

« Brûler n'est pas répondre ; les hérétiques renaissaient de leurs cendres, se répandaient dans le monde, pénétraient dans les couvents, s'établissaient jusque dans l'Eglise. Des théologiens d'une piété exemplaire et d'une conduite irréprochable firent entendre des paroles de protestation en faveur de la liberté, et des mots d'accusation contre la tyrannie des évêques et des Papes. Au Pape, on opposa le Christ, aux évêques, les apôtres, aux mœurs sacerdotales les mœurs des premiers chrétiens, saint Paul croit au salut par la foi et saint Jacques au salut par les œuvres. Pourquoi le peuple chrétien ne jouirait-il pas de la liberté accordée aux apôtres? Pourquoi les fidèles, au lieu de recevoir les ordres des Evêques et des Papes, ne s'inspireraient-ils pas directement des paroles de Jésus, des instructions des Evangiles? Entre la conscience humaine et Dieu, pourquoi toute un hiérarchie ecclésiastique? etc. »

Le jour où ces questions furent posées, l'unité catholique courut un immense danger « le protestantisme venait de naître. »

CHAPITRE IX

Le Protestantisme

Le protestantisme, cette religion chrétienne que le clergé catholique n'a cessé de poursuivre de ses haines les plus farouches, haines sans trêve ni merci qu'on a désignées à juste titre sous le nom de haines de prêtres, ne fut pas le fait de libres-penseurs, d'hommes anti-chrétiens; tout au contraire, c'est mus par une sainte colère, par un sentiment vraiment religieux que les premiers réformateurs s'insurgèrent contre l'autorité papale qui avait confisqué l'Eglise au profit du prêtre.

L'Eglise qui devait être tout, n'était plus rien et le prêtre qui ne devait être rien était tout. La réforme remit les choses à leur place : elle fut l'arrachement de la religion au despotisme clérical ; c'est ce que le prêtre catholique ne lui pardonne pas.

L'excès du mal fut la cause de cette révolte de la conscience, d'aucuns ont ajouté : « et du ventre. » Il y a du vrai dans cette adjonction. On ne peut lire, en effet, sans frémir d'horreur et d'indignation, l'histoire de ces papes et de ces évêques vivant dans la mollesse, dans l'orgueil et la débauche, de vrais repus, ceux-là, tandis que les fidèles étaient écrasés de misères et de servitudes.

Etaient-ce bien là les vrais successeurs des apôtres et n'étaient-ils pas plutôt ces scribes et ces pharisiens de l'Evangile, ces prêtres orgueilleux qu'avait si ignominieusement flétris Jésus alors qu'il s'écriait : « Ils aiment à avoir les premières places dans les festins et les premiers sièges dans les synagogues et à être salués dans les places publiques, etc. » N'étaient-ce pas eux qu'il avait maudits en disant : « Malheur à vous, scribes et pharisiens hypocrites, car vous dévorez les maisons des veuves en affectant de faire de longues prières. Malheur à vous, scribes et pharisiens hypocrites, vous payez la dîme de la menthe, de l'anet et du cumin et vous négligez les choses les plus importantes de la loi : la justice, la miséricorde et la loyauté ? »

N'étaient-ce pas des scribes et des pharisiens hypocrites, ces prêtres qui usaient de la confession auriculaire pour surprendre les secrets des familles et obtenir des donations considérables ? N'étaient-ce pas des scribes et des pharisiens, ces vendeurs de pardon et d'indulgence qui absolvaient les menteurs, les voleurs et les meurtriers pour quelques pièces de monnaie et qui vivaient de l'exploitation de la religion ?

Telles furent les questions qui se posèrent alors et qui amenèrent cette révolte des consciences qui engendra le protestantisme. Le plus puissant, le plus éloquent des révoltés fut Luther, pauvre moine de l'ordre des Augustins, pieux, mystique et artiste, né en Allemagne en 1489. Avant de protester, il voulut aller à Rome. « Non, jamais, disait-il plus tard, je n'aurais osé attaquer l'Eglise romaine, si je n'avais vu de mes yeux l'immoralité papale. » — Alors, en effet, les successeurs de saint Pierre avaient leurs maîtresses attitrées. On ne songeait qu'à des fêtes, à la conquête d'incessantes richesses. La bonne chère des cardinaux était renommée, on lançait sur les populations des moines chargés de les effrayer, en leur faisant peur de l'enfer » comme aujourd'hui, nous permettrons-nous d'ajouter. Et le peuple payait et jeûnait.

Qui n'a entendu parler, du reste, de l'indigne trafic de prétendues indulgences qui se faisait alors sur la plus large échelle dans toute la chrétienté et de l'exploitation de tous ces morceaux d'os, de ces morceaux de bois, de tous ces chiffons qu'on nommait des reliques, saint commerce dont étaient chargés des moines hâbleurs, ivrognes et débauchés, qui auraient rendu des points aux charlatans les plus éhontés.

On n'a encore rien imaginé de mieux que cette mise en scène de moines dressant des tréteaux sur les places publiques des villes et des villages et se livrant, comme nos pîtres, à de grossières parades pour attirer la foule et vendre leurs drogues. Un compère jouait le rôle du diable pendant que son partenaire faisant un tableau effrayant des misères de l'enfer, établissait que personne ne pouvait échapper à ses affreux supplices, personne, excepté les gens *assez intelligents* pour acheter les indulgences du Pape. Le prédicateur terminait d'ordinaire son argumentation par cette phrase typique : « Quand l'argent tombe dans la caisse du Pape, le diable fait la grimace et les anges entrent en danse. » Nos sermons de carême n'y ont rien changé.

La protestation de Luther arrivait donc à son heure, aussi eut-elle un immense retentissement et fut-elle un véritable soulagement pour les consciences. C'est en vain que les trafiquants essayèrent de relever le gant qu'il leur lançait. L'avantage resta au religieux insurgé, théologien instruit et prédicateur des plus éloquents. Il déclara que la Bible n'était pas le monopole du prêtre et que chacun pouvait y puiser, suivant ses besoins, la connaissance religieuse et la foi. C'est ainsi que chaque fidèle devint son propre prêtre, son pape, Bible en mains, dans les limites du christianisme.

Mais de quel christianisme, dit Vauchez, dont je ne fais que résumer l'éloquent chapitre? « Pour Luther, être chrétien, « c'était croire à la divinité de Jésus, à ses « miracles, à sa naissance miraculeuse, à « sa résurrection ; pour le Français Cal- « vin, il y eut obligation étroite, de sous- « crire au dogme de la Trinité et au dogme « de la prédestination ; pour le Suisse « Zwingle, il suffisait de croire à la gran- « deur morale de Jésus et à la nécessité de « son rôle religieux. »

Ne s'entendant pas, on employa les arguments catholiques, l'anathème et le bûcher. Calvin fit brûler chrétiennement Michel Servet.

Quoiqu'il en soit, le protestantisme eut ce mérite de ramener le culte chrétien à des formes plus simples, de faire disparaître la hiérarchie sacerdotale et de rendre le prêtre à sa mission ordinaire' de conseiller. La confession fut supprimée et la communion cessa d'être une déophagie, un avalement de dieu pour redevenir un simple symbole de Cène.

Mais le libre examen était venu. On passa la Bible au crible de la science et, des miracles de l'ancien Testament, il ne resta bientôt rien. De ceux des Evangiles, pas davantage. De la vie de Jésus, que savait-on de certain ? Presque rien ; de ses discours pas grand chose. Ils étaient liés à des faits miraculeux ou purement légendaires. Que bâtir de solide sur le néant ?

« Comme le judaïsme, comme le catholicisme, dit Vauchez en terminant ce chapître, dans lequel il a si bien exposé, en quelques pages, l'histoire et la doctrine de la religion réformée, le protestantisme aboutit à l impuissance. Il ne saurait donc prétendre à conserver la direction des destinées humaines. »

Avant d'examiner les solutions de la libre pensée jetons, avec lui, les yeux sur un écrit du paganisme presqu'ignoré jusqu'ici et qui constitue un cinquième Evangile.

CHAPITRE X

Le cinquième Evangile

Jusqu'ici, nous n'avons entendu qu'une cloche, la cloche chrétienne, celle dont les rêveuses et poétiques envolées ont emporté Jésus et sa mère jusqu'au ciel. Beaucoup de personnes n'en ont peut-être jamais entendu d'autre, et pourtant ce n'est pas sur un seul son, dit avec raison le proverbe, qu'on peut édifier la vérité historique.

Il était donc bon, à côté de la voix du ciel, à côté de celle des prêtres, veux-je dire, de nous faire entendre la voix de la terre, le son païen. C'est ce que Vauchez dans sa haute impartialité et dans son amour de la vérité, a fait, en nous donnant ce si curieux chapitre qu'il intitule *le cinquième évangile.* Pourquoi n'y en aurait-il pas un cinquième ?

Les quatre évangiles du Nouveau-Testament, bien que seuls admis aujourd'hui comme évangiles authentiques, officiels, ne furent en réalité que le résultat d'un triage soigneusement opéré dans la foule d'autres publiés dans les temps de la primitive église.

Chaque communauté avait le sien enchérissant sur les miracles de celui de la communauté voisine, et on en compta plus de cinquante, tous aussi authentiques les uns que les autres.

Les évêques et les arrêts des conciles ordonnèrent leur destruction comme étant remplis de puérilités et d'inepties, et on ne conserva que les quatre admis aujourd'hui comme évangiles-types.

Qu'on me permette, à ce sujet, une comparaison : il en fut de toutes ces biograpries apologétiques, de toutes ces vies de Jésus et de la Vierge, comme des portraits qu'on nous vend aujourd'hui comme leurs vrais portraits et auxquels on attache même des indulgences.

Toute cette sainte imagerie n'ést qu'une pieuse supercherie. Chaque peintre, chaque sculpteur a fait sa madone, son Jésus-enfant, son christ en croix suivant un idéal à lui, suivant sa conception propre, et aussi suivant le genre de beauté propre au génie de sa nation. De ces portraits, les uns ont été de véritables caricatures, tandis que d'autres nous ont donné de magnifiques figures, des figures presque divines; mais pas une de ces images n'est un portrait peint d'après nature. De leur ensemble, il s'est dégagé un certain type de madone cu de Jésus crucifié qu'on tient pour être le vrai portrait parce qu'on a pu le rêver tel, mais voilà tout.

Il en a été de même pour les biographies. Pas une seule d'entre elles n'a la moindre authenticité, pas une n'est un vrai portrait. Aussi, à côté de ces écrits apologétiques, était-il bon de placer une biographie païenne, je ne veux pas dire une caricature faite par un ennemi, mais un document sérieux, un de ces écrits composés par les païens pour défendre leur foi et leurs dieux.

Ces écrits, il faut le dire, sont presqu'introuvables. Les chrétiens triomphants les firent soigneusement détruire, ainsi qu'ils avaient fait de certains évangiles par trop compromettants dans leur naïveté.

Heureusement pour l'histoire, un de ces écrits a pu échapper à la proscription générale, non pas en entier, mais par fragments épars et cachés dans un ouvrage très chrétien. C'est de ces fragments que Vauchez a fait un tout vivant, une histoire de Jésus inédite, qu'il intitule : *un cinquième évangile.*

Ecoutons les sons de cette seconde cloche avec la même oreille impartiale que ceux de la première. Elle se fait entendre, du reste, sous les auspices les plus sérieux.

L'auteur du document en question n'est pas en effet un fanatique, un endoctriné quelconque, c'est Celse un savant médecin du second siècle de l'ère chrétienne, homme d'un rare esprit, d'une moralité inattaquable, auquel les catholiques ne peuvent trouver d'autre reproche à adresser que de l'appeler philosophe épicurien. Fatigué d'entendre parler de Jésus et de la tourbe de ses disciples, dans les termes les plus apologétiques, il réunit contre eux les renseignements les plus redoutables et en composa un écrit, dans lequel il entreprit de mettre à néant la vanité des prétentions chrétiennes. Cet écrit intitulé : « *Un discours véritable.* » produisit un tel effet qu'un grand nombre de chrétiens, après l'avoir lu, abandonnèrent leur foi.

L'Eglise s'en émut et le fit anéantir. Il aurait été perdu à jamais pour l'humanité si un théologien philosophe, le célèbre Origène, un des plus grands esprits du monde chrétien, n'avait entrepris d'y répondre. Pour mieux le réfuter, il eut l'excellente idée d'en citer les principaux passages. Ce sont ceux qu'à recueillis Vauchez et dont nous regrettons de ne donner qu'une imparfaite analyse tout en espérant qu'elle donnera à nos amis le désir de lire en entier ce chapitre dans le livre de Vauchez.

Celse dans cet écrit, paraît avoir parlé de Jésus et de ses disciples, comme un conservateur d'aujourd'hui parlerait d'un anarchiste et de ses compagnons. Se moquant tout d'abord des juifs et des chrétiens qui pensent que Dieu délaisse l'univers pour ne s'occuper que de leurs affaires, il les compare à des vers grouillant dans la boue, ou à des chauves-souris se disputant parce que chacun d'eux se croit le plus grand devant le maître de l'univers.

Jésus sortant de pareille race ne peut donc être que d'une race inférieure. Sous le rapport de la famille, il n'est pas mieux doué : « Elle devait, dit Celse, sa fé- « condité à son commerce adultère avec « un soldat nommé Pauthère et son mari « fut obligé de la renvoyer pour son in- « conduite. »

Origène, pour réfuter cette allégation qui n'a rien de plus ridicule ni de plus invraisemblable que celle de la fécondation par le Saint Esprit, se contente de dire que Celse est d'accord avec les chrétiens pour avouer que Joseph n'est pas le père de Jésus et que, par conséquent, il y a quelque chose de surnaturel dans sa naissance.

Celse dit, en outre, que Jésus dont le corps aurait dû être animé d'un esprit exceptionnellement divin et surpasser tous les autres en grandeur et en beauté « était, au contraire, de petite taille, sans aucune noblesse, sans aucune dignité. » Voilà qui n'a pas été démenti et qui nous donne un assez curieux renseignement sur la personnalité physique du Christ.

Ce que ne disent pas non plus les Evangiles, qui ne parlent guère de la vie de Jésus pendant les trente premières années de son existence, et ce qu'affirme Celse sans être démenti davantage, « c'est que Jésus « fut forcé, par sa pauvreté, d'aller servir « en Egypte. Là, il apprit tous les secrets « de la chimie et devint si habile dans cet « art, qu'il en éprouva un très haut senti- « ment d'orgueil.

« L'Egypte était alors le pays des évo- « cateurs d'ombres, des artistes en enchan- « tements. Pour quelques oboles, dit Cel- « se, ils étalent les merveilles de leur art, « ils chassent les démons, guérissent les « malades avec leur souffle, évoquent les « âmes des héros, font passer sous les « yeux des festins magnifiquement servis « ou des batailles sanglantes, donnent le « mouvement à des animaux qui n'exis- « tent pas dans la réalité, etc. »

Voilà qui en dit long. Le philosophe païen ajoute que de pareils enchantements ne sont capables que de séduire des pauvres gens sans aucune culture intellectuelle, « des cordonniers, des foulons, le rebut et la lie du peuple. »

Puis, il montre Jésus mendiant, ses disciples maraudant, ce qui n'est pas contredit par les Evangiles. « Les loups, y dit Jésus, ont des tanières, les renards ont des refuges ; le fils de l'homme n'a pas de quoi reposer sa tête. » Ce qui prouve en passant, que sa famille ne l'accueillait guère.

« En résumé, d'après Celse, Jésus serait un juif obscur, de naissance illégitime, qui, après des voyages en Egypte où il acquit des dons de sorcellerie, mena une vie de vagabond, de maraudeur, fit peut-être pis encore, endoctrina quelques misérables avec des propos contre les riches et des déclamations contre les prêtres et les lois. »

Nous ne discutons pas, nous rapportons. Celse ne se montre pas plus tendre pour les premiers chrétiens et voici le portrait qu'il en fait : « On voit, dit-il dans des maisons particulières, des cordonniers, des foulons, et autres gens de condition pareille, garder un profond silence devant les vieillards, les sages et les pères de famille. » Mais lorsqu'ils peuvent voir sans témoins des enfants et des femmes aussi ignorants qu'eux, ils leur tiennent ce langage étrange : « Il ne faut pas écouter les pères ni les précepteurs, ce ne sont que des orgueilleux et des dépravés. Nous seuls, chrétiens convertis, nous possédons la science de bien vivre. En ajoutant foi à nos paroles, on parvient à la félicité. » Les ignorants et les *malfaiteurs*, ajoute-t-il, n'allaient à lui que parce que ses doctrines, très violentes contre les riches, plaisaient aux instincts envieux qui sont au fond du cœur de chaque pauvre.

Comme ça ressemble aux temps d'aujourd'hui !

Comment, dit encore le biographe païen, pourrions-nous regarder comme un dieu celui qui n'a accompli aucune de ses promesses, qui s'est laissé prendre malgré le pouvoir magique dont il se vantait, qui a manifesté des craintes et des terreurs, *qui a été convaincu de crimes* et condamné au dernier supplice. Etait-il dieu, celui qui cherchait son salut dans une fuite honteuse, qui se laissait abandonner par ses disciples ? etc.

Je m'arrête, car il faudrait recopier tout le chapitre. Voilà la seconde cloche. Pourquoi, malgré cela a-t-on déserté le paganisme, jadis floraison de joyeuses croyances, aujourd'hui culte mort ? C'est que, dit en terminant Vauchez : « La légende des miracles de Jésus, les guérisons des pauvres gens qu'on lui attribuait, toute cette histoire de pauvreté et de tendresse pour la souffrance s'harmonisait à merveille avec un dieu populaire, humble, nous dirions aujourd'hui démocratique. Avec Jésus, l'humilité apparaît non seulement comme souveraine, mais comme divine et cela suffisait pour attirer vers le gibet du supplicié les foules errantes et angoissées. L'heure de la mort du paganisme avait sonné. »

CHAPITRE XI

La religion musulmane

En quelques pages pleines de vie, Vauchez retrace dans ce chapitre l'histoire du fondateur du Mahométisme et résume ses doctrines, histoire et doctrines mal connues des masses et même de nombre de gens lettrés dont bien peu ont lu le Koran et ne connaissent du Musulman que le fanatique toujours prêt à couper des têtes ou l'énervé endormi dans son harem. Qui se souvient que ces Musulmans abâtardis ont failli conquérir l'Europe et que, surtout le Mahométisme et le Catholicisme, ces ennemis séculaires, sont pourtant frères ?

« Deux grandes religions, comme deux puissants fleuves, dit avec raison Vauchez, sont sorties de la Bible : le Catholicisme et le Mahométisme. » Leurs doctrines et leurs fondateurs paraissent de tous points dissemblables. Jésus n'est-il pas un rêveur bien plus qu'un homme d'action. Il parle en apôtre et si il a une velléité de chasser à coups de fouet les marchands du temple ou d'entrer en triomphateur à Jérusalem, c'est pour redevenir bien vite l'humble Jésus qui n'entend pas qu'on tire l'épée pour le défendre. C'est avec résignation qu'il se laisse conduire au supplice, sans maudire personne, ne se plaignant guère que de l'abandon dans lequel le laisse le père céleste, sur lequel il avait mis toutes ses espérances. Comme Jeanne d'Arc, il pleure, il a un instant de faiblesse, mais voilà tout.

On ne se douterait guère en présence de tant d'humilité et de douceur qu'il est le fondateur du catholicisme farouche qui a tant fait tirer l'épée, tant exterminé de malheureux et qui, loin d'être l'écho de la pensée du doux maître, n'en est presque toujours que la contradiction : « Qui reconnaîtrait un imitateur du pauvre doux et humble Jésus dans l'Anglais arrogant, dans le Prussien hypocrite et grossier, dans l'Américain cupide et brutal ? »

Avec Mahomet, nous avons à faire à un de ces chefs juifs « à un de ces prophètes guerriers comme Moïse, Josué, Jephté, Samson, etc., juges suscités par l'Eternel, qui légifèrent, combattent, conversent avec les anges, entrent en relation avec Dieu et transmettent au peuple les ordres venus du ciel : aussi Mahomet a-t-il pétri une race et façonné un peuple à son image. De même que Jéhovah a fait le juif, Allah a fait l'Arabe et reste le dieu de l'Arabe. »

« Dieu est Dieu et Mahomet est son prophète. » Telle est la formule puissante, l'Arabe doit d'être resté ce peuple grave et mélancolique qui a eu ses jours de génie et de grandeur, aveuglément confiant dans sa destinée, attendant toujours un messie qui lui donnera la victoire, peuple marqué comme le peuple juif du sceau de la fatalité.

Ce qui, en effet, a fait Mahomet et avec lui l'arabe fataliste, c'est le livre de Job.

« Ce poème, dans lequel l'idée de la grandeur de Dieu, de sa toute puissance, est développé avec un éclat de poésie aussi puissant que la grandeur du désert. »

Nous regrettons de ne pouvoir le reproduire, mais on le lira dans le livre et on verra Job le juste, riche, entouré d'une famille et de serviteurs qui l'aiment, bénissant l'Eternel qui l'a comblé de ses dons. Mais, Satan le guette et demande à Dieu la permission de le tenter, lui assurant qu'on verra bien vite cette piété dans l'infortune. Dieu y consent. Job, dépouillé de ses biens, résiste, mais le voilà lépreux, sa chair tombe en lambeaux, ses serviteurs, ses amis, sa femme, ses enfants le fuient et, seul et abandonné, il crie à l'Eternel, il se plaint. Celui-ci lui répond que tout n'est que poussière, que lui seul est tout, qu'à lui seul on doit s'abandonner. Job s'humilie, recouvre ses biens au double, et ceux qui l'avaient quitté reviennent à lui. C'est là la doctrine du fatalisme dans toute son ampleur. De cette doctrine est issu ce fatalisme musulman qui a tué ce peuple plein de vie qui fit trembler l'Occident.

C'est à la Bible, en effet, que Mahomet emprunta sa doctrine religieuse. Né à la Mecque, aujourd'hui la ville sainte, en 569, Mahomet, arabe studieux et rêveur, auquel l'idolâtrie répugnait et tout pénétré de l'idée de faire de grandes choses, fut instruit de la Bible par les Israélites qu'il rencontrait dans ses voyages. Frappé de ces conversations que l'Eternel avait avec ses prophètes, il pensa que, lui aussi, pouvait devenir un conducteur de peuples et avoir son ange Gabriel pour lui apporter les ordres de Dieu.

Il se persuada et finit par persuader aux autres qu'il avait une mission divine à remplir, régénérer la race arabe, détruire les idoles et fonder un culte plus pur et plus intelligent que celui dans lequel ils croupissaient. Ainsi avait fait Moïse, ainsi ferait-il.

Mais, « comme on ne détruit bien que ce qu'on remplace », dit avec une si haute raison Vauchez, raison dont nous devrions sans cesse nous pénétrer, Mahomet révéla à ses contemporains la vérité religieuse qu'il destinait à remplacer leurs anciennes croyances et leur dit la tenir de Dieu. C'est des ordres de l'Eternel apportés par l'ange Gabriel qu'il composa les *Surates* ou chapitre du Koran, la Bible arabe.

Comme on le voit, c'est du Moïse tout pur, et si l'on admet l'un, quoi empêche d'admettre l'autre ? Qui osera soutenir que Mahomet n'est pas de bonne foi et que l'ange Gabriel ne lui a pas apporté les ordres célestes ? Est-ce que vous n'admettez pas les visions de saint Paul, celles de Jeanne d'Arc et de tant d'autres ?

Le Dieu de Mahomet est donc, comme nous l'avons dit, sous le nom d'Allah, le Dieu des Juifs, le vieux Jéhovah, le père Dieu du catholicisme, celui qui a tout ordonné et avec lequel il n'y a pas à discuter.

Toute la religion se borne à exécuter les prescriptions et les rites laissés par l'ange Gabriel. Aussi Mahomet n'a-t-il pas institué de clergé officiel, à proprement parler. Les *Marabouts* sont des dévots ardents, des inspirés, mais non des prêtres. En ce sens, la religion musulmane est la moins cléricale et la plus démocratique de toutes les religions connues.

Mahomet fit peu de miracles et s'en consolait en disant : « Si la montagne ne veut pas venir à Mahomet, il faut bien que Mahomet aille à la montagne. » Ses miracles, ce sont ses victoires. « Il livrait des batailles et les gagnait », joignant aux inspirations de l'apôtre les qualités du chef de guerre, qualités qui ont un si puissant empire sur l'esprit de l'arabe.

Continuateur de Moïse, il s'exprima sur le compte de Jésus-Christ, « avec une réserve polie et une humilité souriante. » Jésus n'avait pas de sabre au côté.

Il ne faudrait pas croire pourtant que la religion musulmane n'est qu'une religion respirant la guerre et la vengeance et dont toute idée de charité serait exclue. Rien de plus faux. Dans une de ses *Surates* sur la charité, Mahomet paraît s'être fait l'écho de saint Paul. C'est ce que fait ressortir Vauchez, d'une façon péremptoire, en citant, d'une part, les versets du chapitre XIII de l'épître de saint Paul aux Corinthiens et, de l'autre, les versets d'une *Surate* du Koran. Nous ne pouvons résister au plaisir d'en citer deux ou trois qui suffiront à prouver que le Musulman possède tout autant que nous les sentiments de charité et de piété dont nous nous croyons seuls dépositaires..

« Pieux est celui qui, pour l'amour de « Dieu, donne de son avoir à ses proches, « aux orphelins, aux pauvres, aux voya- « geurs et à ceux qui demandent, qui ra- « chète les captifs, qui observe la prière, « qui fait l'aumône, remplit les engage- « ments qu'il contracte, qui est patient « dans l'adversité, dans les temps durs et « dans les temps de violence.

« Une parole honnête, le pardon des « offenses valent mieux qu'une aumône « qu'aura suivie la peine causée à celui « qui la reçoit.Ceux qui ont été véridiques, « patients, soumis, charitables et implo- « rant le pardon de Dieu à chaque lever « de l'aurore trouveront chez leur sei- « gneur des jardins arrosés par des cours « d'eau où ils demeureront éternelle- « ment. »

(Ne riez pas de ce jardin arrosé par des cours d'eau qui vaut bien notre Paradis terrestre. Quoi de plus séduisant pour l'Arabe brûlé par la chaleur du désert, sans eau pour apaiser sa soif, qu'un jardin dans lequel l'eau coule en abondance).

Et celui-là encore : « Que les hommes ne se moquent pas des hommes : ceux qu'on raille valent peut-être mieux que les railleurs ; ni les femmes des autres femmes : peut-être celles-ci valent-elles mieux que les autres. Ne vous diffamez pas entre vous, ne vous donnez pas de sobriquets. Que ce nom : méchanceté, vient mal après la foi *que vous professez ?* » (Ne pourrions-nous pas l'inscrire chez nous ?)

Il est vrai qu'à côté de cette morale que nous pourrions presqu'envier aux Musulmans, Mahomet en a une autre, celle du chef de guerre, du dieu vengeur qui arrête son soleil pour donner le temps de passer au fil de l'épée les ennemis de son peuple.

Le catholicisme, lui aussi, a eu trop ses Philistins pour la lui reprocher, et en cela on reconnaîtra facilement que mahométans et catholiques sont bien vraiment frères.

En somme, l'œuvre de Mahomet n'a pas été sans grandeur et elle n'a pas toujours été inutile à la civilisation. Le génie oriental a brillé d'un vif éclat à son heure. Les Maures d'Espagne nous ont laissé une merveilleuse légende d'art et de poésie qui ne sera peut-être pas dépassée. Averrhoès ne le cède en rien à nos plus grands philosophes et, comme savants, comme médecins, comme mathématiciens les Arabes ont été plus d'une fois nos maîtres, ou nos égaux tout au moins.

Mais la doctrine fataliste était là et quand vint l'heure du malheur, l'Arabe devint non seulement un résigné, mais un inerte. « Le principe de l'activité humaine lui fit défaut et il n'y a plus dans le monde Musulman qu'un troupeau de résignés ou d'effarés... qu'un peuple arrêté dans sa course, agenouillé dans des prières stériles et mourant dans la poussière du désert. »

Encore une religion morte.

CHAPITRE XII

L'humanité païenne

Les a-t-on assez criblés de sarcasmes et de quolibets, ces dieux « de pierre et de bois » du paganisme, et pourtant en quoi sont-ils inférieurs aux dieux de plâtre doré qu'on fabrique dans certaines officines. L'histoire de la vierge-mère fécondée par le saint-esprit-pigeon est-elle au fond plus sérieuse que celle de la Vénus sortant de l'onde amère dans tout l'éclat de sa beauté triomphante ?

Le miracle de Cana est-il plus imposant que celui de Jupiter changeant en un repas royal le pauvre festin de Philémon et Beaucis ? Non, à coup sûr.

Il faut bien reconnaître, néanmoins, que la mythologie gréco-latine, à la prendre à la lettre, est un thème facile à la raillerie ; mais toutes les religions en sont là. Aucune d'elles n'est à l'abri du ridicule.

« Aussi faut-il regarder de plus haut, chercher le sens caché du mythe, la raison des symboles, la vérité morale enveloppée dans la légende », et je puis ajouter sous les fleurs dont la poésie l'a recouverte.

C'est ce qu'a fait Vauchez dans le chapitre intitulé : l'*humanité païenne.* Il a soulevé le voile et nous a fait voir qu'il y avait autre chose que des sottises dans le paganisme vaincu mais toujours souriant, j'allais dire toujours renaissant, qui n'avait, certes, pas plus de dieux que nous n'en avons aujourd'hui.

Ces Grecs et ces Romains, que nous traitons dédaigneusement de païens, n'étaient pas aussi imbéciles qu'on le prétend ; ils étaient même profondément religieux, et si, pendant des siècles, ils ont eu foi dans leurs dieux, c'est qu'ils y voyaient alors autre chose que ce qu'y virent nos évêques et les philosophes qui se firent un jeu de s'en moquer. Ne doivent-ils pas s'apercevoir aujourd'hui que toute religion qui s'en va est une cible facile pour les railleurs ?

Ces dieux du paganisme, qui ont si souvent et si bien inspiré nos poètes, sont nés, en effet, « des premières sensations éprouvées par un peuple jeune, d'esprit vif, d'imagination éveillée devant l'inconnu du ciel, l'immensité de la mer, le mystère des forêts, l'étrangeté de certains phénomènes comme le feu, le feu sacré et divin. » Et à propos de ce culte du feu qui fait encore partie intégrante du culte catholique, Vauchez cite une page des plus émouvantes du beau livre de M. Fustel de Coulanges : *la Cité antique*. Laissez-moi en extraire un tout petit passage :

« Ce feu était un objet divin ; on l'adorait, on lui rendait un véritable culte. On lui donnait en offrande tout ce qu'on croyait pouvoir être agréable à un Dieu : des fruits, de l'encens, du vin. On réclamait sa protection ; on le croyait puissant. On lui adressait de ferventes prières pour obtenir de lui ces éternels objets des désirs humains, santé, richesse, bonheur. »

« Or, l'essence de tout sacrifice était d'entretenir et de ranimer ce feu sacré, de nourrir et de développer le corps du dieu. C'est pour cela qu'on lui donnait avant toutes choses le bois ; c'est pour cela qu'on versait ensuite sur l'autel le vin brûlant de la Grèce, l'huile, l'encens. Le dieu recevait ces offrandes, les dévorait, satisfait et radieux, il se dressait sur l'autel, il illuminait son adorateur de ses rayons.

C'était le moment de l'invoquer : l'hymne de la prière sortait du cœur de l'homme. Vieilles croyances qui à la longue disparurent des esprits, mais qui laissèrent longtemps après elle des usages, des rites, etc. »

Nous en savons des nouvelles. Les petites lampes que nous offrons à nos divinités n'ont pas d'autre origine. De là aussi le culte du foyer domestique, celui de la famille et de la cité, de tous ces dieux lares, de ces dieux domestiques dont on aimait à peupler la maison.

Au fond de ce culte naturaliste, il y avait cette idée que le monde est entouré d'influences nombreuses qui veillent sur nous, sur notre famille, sur notre cité, notre patrie, si nous savons nous les rendre favorables. Et pourtant, quoiqu'on en ait dit, il ne faut pas en conclure que tout ait été dieu pour le païen : tous ces dieux sont les vertus d'un même dieu, d'une sorte d'unité divine qui s'est résumée plus tard dans la recherche du dieu inconnu, de ce dieu qu'on cherche toujours et dont on ne s'approche que pas à pas par le progrès et par la science.

En un mot, les païens on fait leur religion au lieu de la trouver toute tombée du ciel et naturellement ils l'ont faite pour l'homme, ils ont fait descendre leurs dieux du ciel pour venir converser avec eux sur la terre. Aussi, si théologiquement, le paganisme n'a pas toute la cohésion, toute l'invariabilité dogmatique des religions révélées socialement, humainement, il prend sa revanche sur elles et il les surpasse même en plus d'un point.

Pour en bien juger, il faut commencer, du reste, par tenir compte du changement considérable qui s'est fait depuis l'antiquité dans l'appréciation de ce que nous nommons les qualités et les vices : « La vie antique, dit avec raison Vauchez, plaçait son idéal dans le développement complet (harmonieux, puis-je ajouter) de la force physique, de l'adresse et de la capacité intellectuelle. L'homme devait être le résumé des dieux, de leurs vertus. »

Alors que, dans le christianisme, toute la morale se réduit à imiter le Christ, dans sa patience, dans sa résignation qui est presque de l'indolence ; dans le paganisme, au contraire, cette morale veut qu'on possède la force musculaire d'un Hercule, la beauté d'un Apollon ou d'une Vénus pour la femme, l'adresse d'un Mercure, la vaillance d'un Mars, etc. Et celà non seulement par intérêt individuel mais par patriotisme, dans l'intérêt même de la société.

C'est ce que Socrate a si bien enseigné à

un jeune homme faible et chétif, auquel il conseille de fortifier son corps.

« Si tes compatriotes font la guerre, lui dit-il, comptes-tu pour rien dans le combat que tu soutiendras pour défendre ta vie contre l'ennemi? Dans les combats, combien d'hommes périssent à cause de leur mauvaise constitution ou gardent leur vie au prix du déshonneur? Combien sont faits prisonniers et passent misérablement le reste de leurs jours dans la plus dure captivité?.. Combien d'autres, parce qu'ils manquent de vigueur, paraissent lâches et timides?... L'homme bien constitué conserve sa santé, jouit de toute sa force, défend sa vie avec honneur dans les combats, se tire heureusement des périls, prête secours à ses amis, obtient la reconnaissance de la patrie... Dans les fonctions même auxquelles tu crois qu'il a le moins de part, je veux dire dans celles de l'intelligence, qui ne sait que la pensée pèche souvent parce que le corps est mal disposé? Le défaut de mémoire, la lenteur de l'esprit, la paresse, la folie même sont les suites d'une disposition vicieuse des organes, etc. »

Et croyez-vous qu'ils aient eu si tort que ça, les païens, de vouloir des hommes au corps robuste pour y loger une âme saine?

Aussi leur idéal religieux est-il tout différent de celui du catholicisme. Alors que le paresseux et pouilleux Labre devient chez nous un saint, le païen déifie Hercule, l'homme aux douze travaux. Nous honorons la vie contemplative, la mendicité religieuse, la maigreur et l'ascétisme; le païen honore le travail, il le regarde comme une joie et une sauvegarde ; il accorde aux athlètes des honneurs presque divins. Il n'a pas honte des plaisirs sexuels et glorifie la maternité. Il encourage tout ce qui ajoute à la joie de vivre et pense que c'est être agréable aux dieux que d'user des biens qu'ils nous donnent.

« Il ne faudrait pas en conclure que tout se réduisait dans l'antiquité à la doctrine du plaisir. Le paganisme avait le sentiment du droit et du devoir. Il avait à un haut degré le pieux respect des ancêtres et le culte profond des morts. Au point de vue moral, on n'a rien écrit de plus solide que le *de officiis*, le livre des devoirs de Cicéron. Certains traités de Plutarque sont des chefs-d'œuvre de dignité et d'élévation. »

Faut-il parler d'Homère, resté jeune de gloire et d'immortalité depuis trois mille ans ; d'Eschyle, de Sophocle, de Platon, de Socrate, d'Aristote et de tant d'autres dans le domaine des lettres, de la poésie ou de la philosophie, d'Archimède dans le monde de la science, etc., etc. ? Au point de vue du sentiment patriotique, avons-nous dépassé les Spartiates ?

En réalité, « les écrivains du paganisme sont nos modèles, ses législateurs sont nos maîtres, ses artistes sont nos guides..... Gœthe n'a pas craint de dire qu'il regardait l'avènement du christianisme et la mort du paganisme comme un double malheur pour la civilisation, comme une cause de décadence et de recul. »

Il n'y a là, dit Vauchez, qu'une part de vérité. Oui, sans doute, la chute du paganisme n'a pas été exempte d'influence funeste et rétrograde ; oui, sur bien des points, le christianisme a été une cause de malheur et de dépression ; mais, en nous révélant la mélancolie des choses, en insistant sur la tristesse et la douleur, il a avivé notre délicatesse, exalté nos espérances, agrandi nos émotions.

Qu'en conclure, « c'est que les religions, comme les hommes s'affaiblissent, s'épuisent, meurent, mais les principes de fécondité éternelle qu'elles contenaient survivent et contribuent à fonder des religions nouvelles. »

Le paganisme devait donc succomber à son heure, vaincu, non pas tant par le Galiléen, que rongé par cette rouille qui dévore toutes les religions : le septicisme.

Et, ici, mon excellent ami Vauchez me permettra de n'être pas tout à fait d'accord avec lui. Le paganisme n'est pas mort sans rémission. Déjà le catholicisme l'avait transformé à son usage et s'était approprié ce sentiment religieux naturaliste qui fait sa dernière force. La religion nouvelle le transformera à son tour : elle conservera de lui le sentiment religieux en le mettant d'accord avec la science et le progrès, et c'est sous la forme d'une religion naturelle, perfectible, joignant le ciel à la terre, qu'il reviendra dans un nouvel éclat et nous conduira vers le maître des mondes.

CHAPITRE XIII

La religion naturelle.— Les religions sans Dieu

Beaucoup de gens pensent qu'il n'est pas plus besoin de miracles que de dictée du Saint Esprit ou d'un ange pour établir une religion répondant à tous nos besoins et à toutes nos espérances ; le bon sens, la logique, la science doivent suffire. On a donné le nom de religion naturelle à cette religion du cœur dépouillée de tout l'attirail surnaturel des religions révélées. Deux tentatives ont été faites en France sous la première Révolution pour en faire un culte d'Etat, une religion officielle, et c'est peut-être à cela qu'elles durent leur insuccès, toute religion d'Etat devenant, dès lors, sujette aux vicissitudes des choses d'Etat.

Robespierre, pénétré de cette idée qu'il faut une religion d'Etat, fit décréter, ainsi qu'on le sait, le culte de l'Etre suprême, auquel on adjoignit le culte de l'immortalité de l'âme. De ces dogmes, on fit une loi ayant pour sanction la peine de mort. On sait ce qui advint. Robespierre pontifia à la fête de son Dieu, se faisant quelque peu dieu lui-même. On y brûla un mannequin représentant le monstre de l'athéisme (ne faut-il pas, dit judicieusement Vauchez, que toutes les religions intolérantes brûlent quelque chose ?) Peu de jours après, Robespierre était guillotiné et, avec lui, disparut le culte qu'il avait voulu fonder.

Un autre essai de religion naturelle, tenté avec la protection du directeur La Réveillère-Lepeaux eut plus de succès. Ce culte reçut le nom de théophilanthropie, qui indique son objet. Il avait pour base l'amour d'un Dieu bon père de famille, et celui du prochein auquel on devait se dévouer. C'était une religion douce à l'âme, amie des hommes et de Dieu, qui repoussait toute idée de miracles, et ennemie de tout cet appareil comminatoire d'enfer, de supplices et de menaces, cortège habituel des religions révélées. Son culte, tout humanitaire, était agrémenté de cérémonies joyeuses à l'œil et douces à l'oreille, où abondaient la musique et les fleurs. On y chantait des cantiques, dont quelques-uns sont supérieurs aux psaumes de David, et les femmes devaient se rendre en habits roses et blancs, agrémentés des fleurs de la saison, à la fête d'initiation qui remplaçait le baptême chrétien.

« Bientôt, ce culte compta dix-sept églises rien qu'à Paris, et il est probable que les sarcasmes dont cherchèrent à l'accabler les catholiques n'en auraient pas eu raison si Bonaparte, devenu premier consul et rêvant la restauration du catholicisme à son profit, n'en avait fait fermer brutalement, par la police, les églises. »

Cette religion, éclose parmi les fleurs, devint martyre et ne fit pas de martyrs.

Ce n'est pas sur l'Empire qu'il fallait compter pour établir un culte libre.

Après lui, la Restauration ramenant les jésuites dans ses fourgons, la liberté de conscience menaça d'être étouffée. Elle trouva néanmoins de vigoureux défenseurs. Béranger fit revivre le Dieu des bonnes gens ; Paul-Louis Courier cribla la sainte Congrégation de ses épigrammes; trois penseurs éminents : Saint-Simon, Fourier et Auguste Comte firent de nouveaux essais de religion naturelle qui, sans avoir complètement réussi, n'en ont pas moins apporté des matériaux sérieux à la rénovation religieuse qui se prépare aujourd'hui.

La religion de Saint-Simon ou saint-simonienne fut surtout une réaction contre le spiritualisme. Elle réhabilita la chair et tenta l'émancipation de la femme. Elle trouva crédit près d'un grand nombre d'hommes qui s'en servirent, dit Vauchez, pour faire fortune et l'abandonnèrent ensuite.

On sait ce qui advint de celle de Fourier, qu'un essai malheureux de la vie phalanstérienne au Texas acheva de ruiner.

Auguste Comte a fondé la religion positiviste sur le culte de l'humanité. « Toutes les théories sur Dieu et les destinées de l'âme ne le préoccupent pas. L'humanité est là, avec ses grandeurs ; honorons-les, rendons leur hommage et culte. » Il ne tient pas compte de l'au-delà, de l'avenir que nous réserve la science, dont le livre n'est pas fermé. La pensée marche et tout n'est pas dit encore.

Mais avant d'arriver à l'idée nouvelle,

achevons, avec Vauchez, la revue de l'histoire de l'esprit humain en jetant un rapide coup d'œil sur les religions sans dieu.

Contrairement à cette idée généralement admise chez nous, qu'on ne peut établir une religion qu'avec un dieu créateur, régulateur du monde, ayant un paradis pour les bons et un enfer pour les méchants, idée qu'on regarde comme la base nécessaire de toute morale et qui pourrait bien être moins morale qu'on ne le pense, il y a des religions qui n'admettent pour terme de l'existence qu'une sorte d'anéantissement, d'absorption de l'être dans le grand tout. On donne à cet état de bonheur suprême le nom de *Nirvanà*. Dans cet état, plus besoin d'un dieu, bien entendu.

L'Asie est la terre classique de ces religions sans dieu. On en donne pour raison qu'en Europe, dans les pays à climats tempérés, l'homme est pour ainsi dire au-dessus de la nature, qui lui paraît alors soumise à Dieu comme à lui-même. Dans les pays de production luxuriante où le chétif être humain semble comme écrasé par les montagnes, par l'immensité de la végétation, et n'est plus guère qu'un grain de poussière perdu dans les forêts, quelle place faire à un dieu ? L'homme reste anéanti et la vie n'est plus pour lui qu'un effet du hasard, qu'une apparence aussi éphémère que celle de la fleur de nos jardins ? A quoi bon alors s'attacher à une existence qui n'a guère de positif que d'inévitables souffrances.

De toutes ces religions, la plus curieuse est le bouddhisme. Vauchez lui consacre quelques magnifiques pages que nous ne pouvons parcourir que d'un trait de plume, tant nous craignons de nous être déjà trop attardé en chemin.

Le bouddhisme, qui tire son nom de son fondateur, Bouddha, né dans l'Inde environ sept siècles avant Jésus-Christ, compte, comme on le sait, non-seulement des millions de sectateurs chez les Indous, mais il s'est infiltré jusque chez nous, jusque dans les rangs de nos plus fins lettrés, de notre jeunesse méditative et studieuse. Il y a même une sorte de culte et un véritable porte-drapeau, M. de Rosny.

Ne soyons pas trop surpris de voir la doctrine de Bouddha nous pénétrer ainsi : elle a plus d'un point de ressemblance avec celle du Christ, et on affirme même que Bouddha est la plus sainte figure qui ait jamais paru dans l'humanité. Ces jours derniers, un écrivain russe, M. Nicolas Notovitch, ne vient-il pas de publier un livre intitulé : *La vie inconnue de Jésus-Christ*, sorte de sixième évangile dans lequel il affirme avoir découvert, dans un manuscrit rencontré dans un monastère du Thibet, que Jésus aurait passé plusieurs années de sa vie dans l'Inde et y aurait été instruit des mystères de Brahma et de Bouddha.

Nous ne disons pas pour cela que le fait soit réel, mais ce qui est certain c'est que cette idée d'incarnation de Jésus dans une vierge immaculée est du Bouddha tout pur, seulement la légende indoue dépasse en prodiges et en grandeur la légende chrétienne de toute la hauteur dont l'Himalaya écrase nos collines du Morvan.

Il faut lire la liste des trente deux vertus, sans compter les autres, de la mère sans tâche de Bouddha, pour voir combien la vierge catholique est pâle à côté d'elle. Et, Bouddha, l'image de la beauté par excellence, avec son corps d'éléphant armé de six défenses, qui marche à peine né, sous les pas duquel les fleurs naissent, les montagnes s'inclinent pour lui rendre hommage, qui prophétise sa victoire sur le démon, de combien de coudées dépasse-t-il notre Jésus ? Le principe qui domine sa doctrine c'est que tout est périssable et misérable et rien n'est émouvant comme son langage sur l'effondrement de l'humanité dans le mal et sur sa décrépitude.

« Il fait défiler devant lui les douleurs, les angoisses, les calamités du corps et de l'esprit. Où est le salut? Comment se délivrer de la maladie, de la vieillesse? Par la mort. Non, car d'après la doctrine Hindoue, notre existence n'est qu'une transmigration. Que faire pour s'en délivrer? Echapper aux vissicitudes de la transmigration, à ce renouveau de souffrances. Comment y arriver? En mortifiant son corps, en domptant ses sens. Nous voilà à la doctrine chrétienne, à la doctrine monacale tout au moins, sauf les joies de la vie future : « Anéantir en lui jusqu'au désir pour que l'âme reste perdue dans l'ensemble universel comme la goutte d'eau dans l'Océan et qu'elle ne puisse se dégager en une personnalité distincte pour arriver à une vie particulière. Alors elle est vraiment dans le *Nirvanà*. »

Pour arriver à cette perfection, il faut nombre de qualités qu'il serait trop long de décrire : une vue droite, un jugement droit, la véracité parfaite, l'horreur du mensonge, la volonté constante du but à atteindre ; l'observation exacte de la loi de pauvreté ; faire choix d'une profession religieuse, ne se vêtir que de haillons, vivre d'aumônes, etc. Nos Trappistes, nos Chartreux, comme on le voit, n'ont rien inventé. Ils ont leurs maîtres dans ces moines bouddhistes, qui ont poussé jusqu'à la perfection l'art de mendier. Aussi leur religion est-elle celle dans laquelle les ordres mendiants ont obtenu une prospérité toujours croissante. L'Inde, est, en effet, peuplée de mendiants fort riches, ce qui ne les empêche pas de continuer à mendier pour le bon motif, et malheur à qui ne leur donne pas.

En résumé, le bouddhisme, avec son désir affolé de néant est une sorte de course à la mort morale tout au moins. Nous n'avons qu'en faire, nous qui, épris de l'énergie vitale, ne cherchons qu'à faire durer la personnalité humaine et même à la faire durer éternellement.

CHAPITRE XIV

L'idée nouvelle

Le paganisme a eu son heure. Les religions révélées ont tué leur dieu et leur homme, Jéhovah et son peuple ne sont plus que des fantômes errants. Allah ne suscite plus de nouveaux prophètes. Le catholicisme expirant se débat en vain dans une dernière agonie, et ce n'est pas sans un indicible sentiment d'horreur qu'on jette un regard sur ses sectateurs armés jusqu'aux dents, qui n'attendent que l'heure de s'entr'égorger une dernière fois.

Le dieu de Loyola, non content du sang de son fils, aurait-il donc sans cesse besoin de l'odeur de quelques centaines de mille de victimes pour se remonter le cœur? Resterons-nous sons idéal, sans espérances? Non. L'humanité pensante ne se croit pas condamnée à la mort éternelle : elle rêve, elle sonde la terre et les cieux, et déjà elle entrevoit l'idée nouvelle, la religion de demain.

Ce ne sera ni un ange ni un prophète qui la lui apporteront toute mâchée, c'est dans la science humaine qu'elle la trouvera. Cette science qui a arraché aux dieux le secret de leurs foudres, saura aussi leur arracher le secret de la vie. Pourquoi donc ne créérait-elle pas une religion? N'a-t-elle pas sa grandeur, sa poésie et sa foi? Nest-elle pas la récompense du labeur humain! N'est-elle pas d'essence vraiment divine et peut-elle être en contradiction avec celui dont elle émane? C'est donc à elle que nous demanderons la solution du grand problème de l'humanité : pourquoi sommes-nous? où allons-nous? d'où venons-nous?

Elle nous dira : « Que ceux qui vivent ont vécu : que l'existence actuelle est la continuation d'une existence antérieure; que ceux qui ont vécu revivront; qu'il y a des révélations de l'au-delà? »

Pourquoi, du reste, repousser l'inconnu, même lorsqu'il se présente avec l'apparence de l'invraisemblable ! La nouvelle religion aura donc un caractère purement scientifique : elle fera la guerre aux légendes, aux miracles apocryphes, aux supercheries de toutes sortes, mais elle ne repoussera *à priori*, aucune affirmation, aucun fait. Elle exercera sur chaque chose et sur chaque homme les droits du libre examen. Elle ne se liera à aucune morale dogmatique ou sacerdotale ; elle aura « sa morale indépendante. »

« Cette morale, ajoute Vauchez dans un superbe langage, est plus vaste que les cathédrales, plus haute que les mosquées, plus large que les synagogues : elle procède de la conscience humaine, chaque être en porte l'embryon dans son cœur. »

Et, vraiment, je ne puis résister au plaisir de citer encore quelques lignes de cette magnifique page que Vauchez consacre à l'idée nouvelle, à la morale indépendante. Elles en disent plus en quelques mots que tous les catéchismes réunis.

« L'homme, écrit-il, est mis au monde pour se perfectionner, s'améliorer, grandir. L'enfer consiste à garder les germes de décadence et d'infamie qui dégradent ; le ciel est de monter vers les hauteurs de la justice et de la vérité par l'élan des nobles pensées et l'essor des purs sentiments »

« C'est ainsi que l'être humain progresse dans son corps et dans son âme. » C'est, du reste, par un abus de mots, et nous l'avons déjà dit plus d'une fois, qu'on sépare le corps de l'âme, qu'on distingue entre le matérialisme et le spiritualisme, comme s'il y avait des esprits sans formes, comme si les corps pouvaient vivre et se manifester sans esprit. Il y a entre eux une intimité parfaite.

Et maintenant Vauchez va nous montrer, en s'appuyant sur les dernières découvertes de la science, en passant en revue les doctrines de l'antiquité sur la destinée des âmes et sur la vie future, l'alliance qui existe entre le monde visible et le monde invisible, l'influence précise que certains corps subtils, qui échappent à nos regards, mais qu'on pourra faire émerger à la lumière, exercent sur les corps visibles. « C'est là la science nouvelle, la lumière faible et vacillante encore entourée de brumes, mais qui deviendra le soleil resplendissant de demain. »

C'est là que se trouve le fil conducteur dont nous avons parlé en causant des fluides. Cette dernière partie de son œuvre, que nous ne pourrons qu'analyser trop rapidement, est non-seulement une puissante étude de savant qui a dû demander des recherches dont nous ne pouvons nous faire une idée, mais une œuvre philosophique, une œuvre d'apôtre au plus haut degré. Il a fallu une volonté de fer, a-t-on dit avec raison, une volonté qui ne recule devant rien pour la mener à bien. Essayons d'en donner une idée.

CHAPITRE XV

Solidarité du monde visible et du monde invisible

Dans la première partie du travail que nous venons d'effeuiller trop rapidement, à notre gré, Vauchez nous a fait suivre les évolutions successives du monde visible et nous a montré les lois qui les régissent ; puis nous avons parcouru l'histoire des religions et assisté à l'idée nouvelle. Dans la deuxième partie de son œuvre, il va nous entretenir du monde invisible, ou du moins de ce que nous pouvons en percevoir au moyen de nos connaissances limitées.

« Monde visible et monde invisible constituent, dit-il, une chaîne immense, inséparable en ses chaînons, dont aucun œil humain n'a encore sondé ni le commencement ni la fin. »

De l'ensemble de cette étude se dégagera la démonstration de l'unité qui préside à l'ensemble de la création et de la permanence du *moi*.

Pour mieux arriver à cette démonstration, il a pensé qu'il était bon de nous faire connaître tout d'abord les doctrines de l'antiquité grecque et romaine sur la destinée des âmes et sur la vie future, doctrines qu'il a séparées avec intention de son histoire de religions. Disons, en passant, que nous regrettons qu'il n'y ait joint quelques lignes sur les doctrines des Gaulois, que nous ne devons pas laisser dans l'oubli, car ils sont tout autant nos prédécesseurs que les Grecs et les Romains. Ils admettaient que les âmes retournent à la vie et rentrent dans un autre corps après un certain nombre d'années, c'est-à-dire que leur doctrine se rattachait à celle de la réincarnation à laquelle nous revenons aujourd'hui.

Or, le consentement universel des peuples à certaines doctrines constitue, non pas une preuve scientifique de leur vérité, mais tout au moins un plaidoyer en leur faveur, et la revue que va faire Vauchez de ces doctrines nous montrera que la négation d'une vie future fut plus rare chez les anciens que dans les temps modernes, et que la notion de l'immortalité de l'âme et d'une autre vie fit partie des croyances populaires sous une forme ou sous une autre.

Une de ces formes fut la *métempsycose*. croyance qui de l'Egypte passa en Grèce, sans pourtant y jeter de bien profondes racines. Suivant cette doctrine, la vie que chacun passe sur la terre est multiple. L'âme séparée du corps humain va s'incarner dans celui d'un animal, et ce n'est qu'après avoir habité toutes les espèces terrestres et avoir employé à ces migrations l'espace de trois mille ans qu'elle reprend sa forme primitive et rentre dans un corps d'homme. Les âmes vertueuses et purifiées de leurs iniquités passées iront habiter l'*astre* où les appelle leurs destinces et y jouiront d'un bonheur sans mélange. Les coupables seront soumis à une série de nouvelles transformations et n'en verront le terme qu'après un retour à l'excellenee et à la dignité de leur état primordial. La conséquence de cette croyance était la suppression de l'alimentation par la viande, car tuer un animal, c'était chasser une âme, peut-être celle d'un de ses proches, de la demeure qui lui avait été assignée par les dieux. Cette doctrine fut modifiée de différentes façons qui se résument en ceci :

C'est que l'*âme revêtait le corps de tel ou tel animal en raison de l'affinité existante entre la nature* de cet animal et la sienne : ainsi un homme esclave de la concupiscence devenait un âne ; l'avare un loup ou un épervier. Suivant d'autres, l'homme revivait, non dans un âne, mais dans un homme à nature d'âne. Et ainsi de suite.

Le fond de cette doctrine aboutit en somme à l'idée de la perfectibilité de l'âme, de la permanence du *moi* et comporte par suite une haute morale. Mais elle fut plus plus philosophique que populaire.

En Grèce, les masses lui préférèrent la croyance à l'Hadès, ce royaume de Pluton, divisé, comme on le sait, en deux régions : le Tartare, où sont punis les coupables, et les Champs-Elysées « prairie d'asphodèles », habités par les âmes pieuses.

Chez les Romains, l'Hadès se transforme en Enfer ou séjour « d'en-bas. » Tout le monde connaît les châtiments éternels réservés aux coupables dans cet Enfer et « les joies dont jouissent les âmes des justes qui possèdent alors, comme les dieux, la connaissance de toutes choses, contemplent la merveilleuse harmonie de la nature et *continuent à s'intéresser aux destinées de leur race qu'elles voient même dans l'avenir.* » De là, l'idée toute naturelle d'évoquer les âmes de ces morts qui connaissent l'avenir. On la retrouve déjà dans Homère, et Cicéron dit qu'Appius en faisait sa pratique habituelle. C'est ce qu'on nomme la *Nécromancie*. Cette pratique était connue des Hébreux, mais la loi de Moïse l'interdisait formellement, ce qui n'empêche pas Saül de consulter la Pythonisse d'Hendor et de faire évoquer l'âme de Samuel, bien qu'il eût poursuivi les évocateurs de ses rigueurs. Je regrette de ne pouvoir reproduire cette émouvante évocation rapportée par Vauchez d'après la Bible et dans laquelle la femme dit qu'elle a vu comme un dieu qui montait de la terre ; ce dieu, c'était Samuel qui prédit à Saül que demain, lui et ses fils seront avec lui parce qu'il n'a pas exécuté l'*arrêt* de l'ardeur de la colère de Dieu contre Hamalek. En Grèce, comme à Rome, il y eut partout des *oracles des morts*. Cette pratique prit de telles proportions qu'il fallut en demander la répression. Elle n'en devint pas moins une puissance avec lequel le christianisme entra en lutte dans le commencement.

A côté de cette doctrine s'en trouve une autre, originaire de l'Inde, d'après laquelle les âmes des morts ne quittaient pas la terre, y demeuraient invisibles, mais avec la faculté de se manifester aux vivants quand elles le jugeaient à propos.

De là, l'idée que les morts peuvent avoir soif et faim, il n'y a qu'un pas et nous savons que cette croyance fut la loi de l'antiquité toute entière : aussi avait-on soin de placer sur les tombeaux des morts des mets destinés à leur nourriture. Cette croyance a persisté plus qu'on ne le pense. Le catholicisme l'a transformée à son profit et de même qu'il se fait donner, sous forme d'offerte, l'obole que l'âme devait payer à Caron pour prix de son passage de l'autre côté du Styx, de même, aujourd'hui encore, on place sur l'autel, à l'usage du curé bien entendu, la bouteille de vin et le pain représentant la nourriture qu'on plaçait sur le tombeau du mort.

On connaît aussi cette croyance, encore subsistante, que les morts non ensevelis errent misérablement sur les bords du Styx, et la plus grande vengeance qu'on pouvait par suite exercer contre un ennemi était de le priver de sépulture.

Ce sont ces âmes errantes qui viennent se plaindre et on ne les apaise qu'en leur faisant donner une sépulture régulière et en leur construisant un *cénotaphe* (tombeau vide) quand on ne peut retrouver leur corps.

Dans toute la Grèce, les morts étaient

regardés comme sacrés; on leur rendit un culte, on en fit « les bons », on les invoqua comme protecteurs du foyer domestique, on leur demanda leur appui non-seulement pour la famille mais pour la cité. Les noms de *démons* ou de *héros* leur étaient réservés. « Les hommes supérieurs auxquels la légende prêtait un pouvoir surnaturel, recevaient un honneur spécial, sorte de canonisation prononcée en grande pompe et avec des rites particuliers par l'oracle de Delphes.

Les Romains ne s'arrêtèrent pas là : ils firent de véritables dieux « les dieux mânes » et leur panthéon recevait journellement quelque nouvelle divinité.

Ces dieux demandèrent non-seulement à être honorés, mais parfois à être apaisés et ils apparurent plus d'une fois pour demander des autels. A propos de ces apparitions d'âmes de héros et d'âmes en peine, Vauchez raconte, d'après Pline, un fait d'une maison hantée qui ne manque pas d'analogie avec ce qui se passa à Paris en 1891 dans une maison du boulevard Voltaire.

Je le résume en deux mots. Il y avait à Athènes une belle maison qu'on ne pouvait louer parce que chaque nuit apparaissait un spectre qui faisait un bruit horrible. Le philosophe Athénodore, qui passait par là, se fit conter le fait

fait, coucha dans la maison et vit le spectre apparaître. Il le suit, celui-ci le conduit dans la cour de la maison et disparaît. Le lendemain on fouille à l'endroit où le spectre avait disparu, on y trouve des ossements ; on les ensevelit suivant les rites et la maison recouvre le repos.

La légende du revenant n'est pas d'aujourd'hui, comme on le voit

Dans le *Dialogue sur les Héros*, Philostrate, un philosophe grec, raconte que l'ombre de Pratésilas, un grec de la guerre de Troie, qui avait depuis longtemps changé son existence d'homme contre celle de *héros*, aimait à guérir les maladies de ses amis terrestres. « *Il guérissait surtout la phtisie, l'hydropisie, l'ophtalmie, la fièvre quarte.* »

Il en était de même de l'ombre d'Esculape qui guérit nombre de malades. Il avait, on le sait, son oracle à Epidaure. En 291, après une peste terrible, les Romains l'envoyèrent chercher en Epire d'où il vint sous la forme d'un serpent sacré. On lui éleva un temple à Antium ; à ce temple était joint une sorte d'édifice sanitaire où les malades venaient passer la nuit, y recevaient en songe les révélations du Dieu et guérissaient, tout comme à Lourdes aujourd'hui.

A côté des héros bienfaisants il y en eut

de malfaisants, et « malheur dit Ovide, à qui oublie ce qu'il doit aux mânes. » Aussi, avait-on recours à toutes sortes de cérémonies expiatoires pour apaiser les mânes irrités. Le christianisme traita d'idolâtrie la croyance au retour des âmes et condamna en bloc toutes les doctrines du passé... pour y revenir bien vite, ajouterons-nous.

Et, maintenant, suivons Vauchez dans l'étude qu'il va faire des transformations apportées par les siècles à cette question toujours brûlante de la vie de l'âme au-delà de la tombe.

De cette revue sommaire des croyances de l'antiquité sur les destinées de l'âme il ressort sans conteste que la foi à des communications entre les morts et les vivants et à l'influence des premiers sur les seconds a été générale. Tous les peuples de la terre y ont cru. Nos druides ont eu une conception très élevée de l'évolution de l'être qui, commençant par un état voisin du néant se développe de transmigrations en transmigrations jusqu'au moment où il arrivera à sa plénitude dans le cercle céleste, paraissent avoir joint un sentiment des plus énergiques de la réalité du monde invisible et de sa solidarité avec le monde visible.

« Tous les jours, dit à ce propos M.

« Joseph Fabre dans une très remarqua-
« ble appréciation de l'œuvre de Vauchez,
« on adoptait des arrangements relatifs à
« des actes qu'on se disposait à accomplir
« dans une autre vie. Quand un homme
« mourait, il était chargé de transmettre
« des messages des amis survivants à des
« amis décédés. »

Nous pouvons ajouter que cette pratique n'a pas disparu complètement de chez nous et il nous a été donné d'entendre un brave homme chargeant un sien parent, qu'on mettait dans le cercueil, de ses commissions pour la famille qu'il allait retrouver. Tout le monde a lu aussi que les sauvages de l'Océanie prétendaient reconnaître dans les voyageurs blancs les âmes de leurs ancêtres venant les visiter. Il y a donc là une croyance universelle.

Inutile, dit Vauchez, d'interroger le moyen-âge sur cette question, et il y a à cela une raison majeure : c'est que pendant de longs siècles d'ignorance philosophique, de fanatisme et de despotisme, tous ceux qui virent les âmes des morts furent condamnés au supplice comme sorciers.

Laissons donc de côté ces heures sombres et passons à l'examen de la doctrine nouvelle sur la destinée des âmes. Elle a nom le spiritisme. Née depuis une cinquantaine d'années à peine, elle s'est rapidement répandue dans le monde civilisé et compte déjà de nombreux adeptes dans tous les rangs de la société, depuis l'humble travailleur jusqu'au savant autorisé.

Nommons en passant, M. Richet, le savant professeur de physiologie de l'Ecole de Médecine de Paris qui, ces jours derniers, dans une conférence sur l'avenir de la science, faisait remarquer les rapides progrès du spiritisme et, après avoir cité les savants comme Zollner, le grand mathématicien allemand, Schiaparelli, l'astronome de Milan, A. Wallace, l'émule de Darwin, Crookes, le chimiste qui a découvert le Thallium, l'homme supérieur qui a trouvé le quatrième état de la matière, la matière radiante, qui tous sont venus au spiritisme, indiquait qu'on était, en ce moment, à la limite de la science occulte et de la science classique. Un petit effort encore et on touchera le but.

Nous sommes donc en trop bonne compagnie pour ne pas nous consoler aisément des sarcasmes des esprits forts. Avant de nier, étudions donc cette doctrine « qui « semble destinée, dit Vauchez, à exercer « une influence prépondérante sur l'ave- « nir des sociétés humaines. Non seule- « ment, en effet, elle est morale, ensei- « gnant la fraternité, l'égalité des hommes

« devant la loi divine, mais elle est scien-
« tifique et touche aux spéculations de la
« vie intellectuelle par ses théories trans-
« formistes et sélectionnistes en complète
« harmonie avec les découvertes journa-
« lières des sciences naturelles. »

Ajoutons qu'elle est d'accord avec les croyances universelles dont nous venons de parler sur les communications permanentes entre les morts et les vivants et sur les évolutions successives de l'être qui, pour me servir d'une comparaison vulgaire mais qui rend bien ma pensée, passe de l'état de chenille à celui de chrysalide avant de devenir papillon, avant d'avoir des ailes pour prendre son envolée vers le ciel.

Et ainsi de nous qui allons nous transformant sans cesse. Le spiritisme, que nous ne confondrons pas avec un certain jeu de salon qu'on a décoré de ce nom, ne formule pas de dogmes ; il donne aux cœurs avides de lumière morale des explications, des conseils, des encouragements. Il a pour base la persistance de l'esprit après le phénomène de transformation que nous nommons la mort et la réincarnation dans un nouveau corps après un temps plus ou moins long passé dans le monde invisible. Les mêmes êtres reviennent sur la terre afin de développer leurs capacités cérébrales par le travail et de devenir aptes à un fonctionnement supérieur.

« Le sauvage des premières sociétés est « l'homme d'aujourd'hui ; l'homme d'au- « jourd'hui est l'homme de l'avenir. La « terre à civiliser et à moraliser, tel est « son champ de culture ; la science à dé- « couvrir et à développer, tel est son but « forcé, obligatoire ; la morale à com- « prendre, à pratiquer, tel est le mât « glissant qu'il doit gravir jusqu'au som- « met d'où il retombe... hélas ! avant « d'atteindre le but, » mais avec la certitude de l'atteindre un jour après avoir repris de nouvelles forces en touchant terre, ajouterons-nous. A quoi servirait l'effort si nous ne devions jamais aboutir.

On peut accepter ou non cette doctrine qui n'en est encore, avons-nous dit, qu'à ses premiers essais et qui n'a pas la prétention de se dire arrivée d'un coup à l'infaillibilité et à la perfection : elle sait, au contraire, qu'elle est perfectible, qu'elle doit toujours marcher d'accord avec les découvertes scientifiques qui pourront surgir, avec la lumière qui nous arrive chaque jour ; mais, qu'on l'accepte ou non, on ne pourra méconnaître ses hautes visées morales, et c'est ce qui fait sa force.

Nous ne pouvons malheureusement, dirons-nous encore une fois, que renvoyer le lecteur au chapitre si éloquent que Vauchez consacre, dans toute sa foi d'apôtre et d'honnête homme, à plaider pour elle, et pourtant il y a de bien belles pages que nous voudrions pouvoir reproduire en entier. Notons-en bien vite quelques passages au courant de la plume.

Ceux par exemple que Vauchez consacre à l'exposition de certains évènements qui paraissaient avoir été préparés et conduits par les mains invisibles et protectrices d'esprits désincarnés pour sauver le navire prêt à sombrer sur lequel ils espèrent revenir un jour. Ainsi en est-il des Croisades qui, en déversant sur l'Asie les hordes féodales prêtes à étouffer la France dans son berceau, sauvèrent l'avenir de la civilisation et permirent l'éclosion du monde moderne.

Et de même de cette mission de Jeanne d'Arc à laquelle des voix viennent révéler la grande pitié qui règne au royaume de France et donnent l'énergie et la clairvoyance nécessaire pour surmonter tous les obstacles et pour sauver la patrie :

« Et ce génie tutélaire, méconnu de ceux qu'elle a sauvés, termine son épopée sur le bûcher que lui allument l'Anglais et l'évêque Cauchon, un Français, sans qu'une tentative soit faite pour l'arracher au martyre, sans qu'un seul cœur humain saigne de douleur en présence de ce supplice, une des grandes hontes de l'histoire. »

Nous assistons en ce moment au spectacle révoltant d'évêques français fêtant en grande pompe la noble victime qu'ils brûlèrent traitreusement... et cela pour la satisfaction d'intérêts personnels. Cette comédie aux allures quasi-officielles provoque le mépris, nul ne se trompe sur le but des fils de Loyola.

Messeigneurs, ce n'est donc pas assez de l'avoir martyrisée, puis brûlée, que vous voulez faire sa loyauté complice de vos projets ténébreux.

Louis de Luxembourg, évêque de Thérouenne, chancelier de France, futur archevêque de Rouen, patronne cet assassinat judiciaire avec le *cardinal de Winchester, l'évêque de Norwich* et *Jean de Mailly, évêque de Noyon. Zanon de Castiglione, évêque de Lisieux* vota le bûcher parce que Jeanne *était de trop basse condition pour être inspirée par Dieu.* L'héroïsme ne s'encanaille pas, l'esprit de Dieu ne peut souffler sur la roture, la fortune et la naissance sont tout pour vous, Messeigneurs, représentants de l'humble Jésus. *Philibert de Montjeu, évêque de Coutances* conclut également pour le bûcher en se mettant à plat-ventre devant l'évêque de Beauvais et le grand inquisiteur.

Vingt-neuf chanoines demandèrent le bûcher, ajoutez les chefs de grandes maisons religieuses, des prieurs, des abbés crossés et mitrés, des seigneurs abbés, des moines de tous les ordres, des docteurs en théologie et de droit canon. A l'unanimité la grande corporation de l'université, c'est-à-dire *plus de trois cents hommes d'église* se prononce contre Jeanne et conclut au bûcher. Son plus illustre représentant, le chanoine *Thomas de Courcelles*, que Bossuet appelle la lumière de l'église gallicane, ne se contenta pas de conclure pour le bûcher, il avait au préalable réclamé la torture avec les deux chanoines Nicolas Loiseleur et Morel.

Guillaume Erard, chanoine de Langres, reçut comme gratification du crime une prébende à Rouen, un manoir et une pension de l'Angleterre. Distinctions, indemnités de toutes sortes, positions salariées tombèrent en rosée bienfaisante sur les assassins repus. Quatre furent ultérieurement élevés à l'épiscopat par le Souverain Pontife.

Cauchon, né à Reims, docteur en théologie, licencié en droit canon, maître ès-arts, ancien recteur de l'université de Paris, évêque de Beauvais, dirige le procès. La nature hypocrite de ce docte scélérat perce à travers les formes bénignes de son langage, il se fit donner par le receveur de Normandie comme salaire du crime sept cent soixante-cinq livres tournois (5,569 fr. 15), il fut nommé évêque de Lisieux en 1432 et mourut de mort subite en 1442. On raconte que les dernières années de sa vie furent empoisonnées par le remords et que le peuple au lendemain du procès de réhabilitation, déterra son cadavre pour le jeter à la voirie.

Après sa mort, il a été mentionné par le pape *comme évêque de bonne mémoire.*

Les guillotineurs de 93 ne se faisaient pas payer.

La cupidité des assassins de Jeanne n'eut d'égale que leur férocité et leur placidité béate.

Aujourd'hui la canonisation de la noble victime, serait peut-être aussi fructueuse que son martyre. *Autres temps, autres procédés, mœurs identiques.*

Au bon sens laïque à faire justice (1).

Du reste, comme je n'ai cessé de le répéter dans mains articles, qu'est, au fond, cette fête catholique de Jeanne d'Arc ? Une

(1) Voir *Procès de condamnation de Jeanne d'Arc*, par Joseph Fabre. Hachette et Cie, éditeurs.

exploitation commerciale de notre héroïne et rien de plus. On vend du Jeanne d'Arc comme on a vendu des indulgences, vendu des reliques de saints. Commerçants, vrais camelots, veux-je dire, tous ces bénisseurs hypocrites qui se moquent de Dieu et des saints et ne connaissent que l'argent et le psuvoir ; voilà leurs dieux. Ah ! vraiment, ils peuvent bien parler d'athéisme et de matérialisme ; ils savent bien que les véritables athées ce sont eux, ces vicaires qui ont vendu aux jésuites ce qui restait encore de christianisme chez nous et qui vendaient le bien des pauvres, comme nous le leur avons prouvé.

Et de même encore de cet immense coup de foudre qui s'appelle la *Révolution française de 1789*. A l'heure où, sous l'influence pernicieuse de la reine, la royauté trahissait la patrie, un cri s'élève : « la Patrie est en danger, » et on vit alors le spectacle d'un élan patriotique qui ne sera probablement jamais dépassé. Les conquêtes de l'Empire ne furent, on le sait, que la suite de cette impulsion extraordinaire du patriotisme français se défendant contre l'invasion.

Ces exemples prouvent, dit Vauchez, jusqu'à quel point certaines situations prennent des proportions considérables et peuvent avec le concours des inspirations invisibles transformer un état social.

Vauchez nous montre, de même que si il est des influences salutaires, il en est d'autres qui sont nuisibles ; c'est-à-dire que tout crime entraîne des conséquences qui ont leur répercussion sur les événements ultérieurs, ce qui a fait dire, non sans quelque apparence de raison, que les fautes des pères rejaillisent sur les enfants jusqu'à la huitième génération.

Non-seulement, par exemple, les Espagnols tirèrent peu de profit des immenses richesses extorquées aux malheureux Indiens qui les avaient accueillis comme des envoyés du ciel, mais ces richesses mêmes firent leur malheur. Depuis lors, l'Espagne ne fit que péricliter. Alors qu'on la croyait au faîte des grandeurs, sa ruine se préparait et elle subit, à son tour, toutes les persécutions dont elle avait accablé les malheureuses victimes de son avidité.

Elle engendre Loyola : — une infernale impulsion venant de ce cerveau pervers infiltre un venin mortel dans les veines de la robuste Espagne. L'Inquisition fauche tout et partout, en sa férocité plus terrible que celle des fauves déchaînés. Loyola était le vengeur des Incas.

Combien émouvant encore est ce rapide exposé de l'histoire de ces papes incestueux, empoisonneurs, criminels, successeurs de l'apôtre Pierre qui, pieds nus, enseignait la morale de charité de son maître.

Si Jésus, une tiare orgueilleuse sur la tête, au lieu d'une couronne d'épines, avait dit : « Mon Tribunal, le Saint-Office, fera brûler autant d'hommes qu'il me plaira », aurait-il converti un seul gentil ? Aussi a-t-on dit avec raison que si Jésus et Pierre étaient revenus dans le monde catholique, ils auraient été impitoyablement brûlés comme hérétiques, ainsi qu'on fit des Fraticelli, ces humbles prédicants qui enseignaient leur pure doctrine.

Il y a là des pages sur la papauté, sur le massacre des Albigeois, les égorgements des Cévennes, que nous redirons un jour; pour aujourd'hui, rappelons seulement que c'est aux cris de Jésus-Maria que se firent ces égorgements et qu'on ne compte pas moins de *sept cents millions* de victimes des crimes accomplis *sous la responsabilitè de la cour pontificale* et de la maison de Habsbourg. Un océan de sang fut répandu.

Jamais la Papauté, jamais la maison d'Autriche ne s'en laveront : — leur expiation a commencé, elle ira jusqu'au bout.

« Le monde a ses lois morales éternelles comme les lois physiques, aussi positives, aussi invariables. Une infraction à ces lois, qu'on ne viole jamais impunément, entraîne forcément d'autres perturbations et la conséquence fatale de ces infractions accumulées est la perte de la nation. A tous de méditer cet avertissement, de se méfier des mauvaises influences qui peuvent perdre les Etats et qui amènent les époques tourmentées en politique, les discordes dans les familles, etc., etc., souffrances dont on ne peut guérir que par une amélioration progressive des êtres. — En constatant ces influences, ajoute Vauchez, gardons-nous de croire à la *fatalité*, poison mortel à la pensée humaine. La fatalité n'est autre chose que la loi de la pesanteur des conséquences. Faites le bien et la conséquence sera le bien ; faites le mal et elle sera le mal. C'est là le destin.

CHAPITRE XVI

Où l'auteur se résume pour conclure

Avant de quitter ce livre, ce vieil ami avec lequel je viens de passer de si douces heures, j'aurais voulu vous redire toutes les pages du dernier et éloquent chapitre dans lequel Vauchez a mis toute son âme d'apôtre, vous redire son plaidoyer pour l'abolition de la peine de mort et son remplacement par un mode convenable d'emploi des condamnés à des travaux utiles, travaux de colonisation, de défrichement, d'irrigation, etc., etc., ainsi qu'on commence à le faire en Russie, ce qui permettrait de réaliser de sérieuses économies et d'ouvrir une voie à la moralisation des criminels ; j'aurais eu encore à vous parler de cette étude si remarquable sur les origines de la vie terrestre, dans laquelle Vauchez, reprenant sa thèse première, nous montre le point de départ de la vie planétaire dans l'infiniment petit, le rôle du fluide universel, agent encore peu connu et auteur probable des combinaisons et des transformations de la matière ; puis l'origine des êtres organisés en deux grands groupes, les végétaux issus de la cellule verte, les animaux sortis de la cellule incolore, leurs sélections successives pendant un nombre incalculable de siècles pour arriver à l'homme ; et aussi cette étude sur la formation des esprits périspritaux, de cette forme semi-matérielle qui subsiste après la mort de l'homme et ne l'abandonne plus : qui fait de lui, en un mot, le corps désincarné, produit du fluide universel, et encore celle sur l'emploi qu'on pourrait faire de certains animaux comme serviteurs, et, à l'appui de cette thèse, cette curieuse et charmante épopée indienne, le Ramayana, dans laquelle on a mis en scène des singes prêtant leur concours à l homme et combattant pour lui ; mais il est temps de m'arrêter et de résumer en quelques lignes les idées qui ont pu me suggérer ce travail qui m'a forcé à me replier sur moi-même, a songer à notre France et aux moyens de la conduire aux destinées que nous rêvons pour elle, celles de missionnaire du beau, du bien et du vrai sur notre globe. Veuillez donc me prêter encore quelques minutes d'attention.

Nous avons suivi la lente progression créatrice depuis le Trilobite, l informe témoin d'un monde naissant, jusqu'à l'homme. Nous avons suivi les degrés infinis de l'universelle vie ; elle s'étage lentement, rampant, nageant, volant au-devant de l'esprit : elle est avide de progrès. Cela fait pressentir des séries futures de formes et d'êtres qui nous dépasseront autant que nous dépassons les premiers nés des anciens océans. L'homme a la perception obscure de son organisation passée, en même temps qu'il témoigne une aspiration à la vie supérieure. De là son trouble actuel, de là le chaos où s'agite notre société.

Au philosophe convaincu, échoit la mission de déterminer cette situation, de faire comprendre à l'homme l'incalculable série de siècles qui pèsent sur ceux qu'il prend pour les premiers nés de la civilisation.

Le rideau de la création se soulève : le déchirer sera l'œuvre du prochain siècle et le salut de l'humanité. Mais pour atteindre ce résultat, la science bienfaisante ne suffit pas ; la moralité est indispensable.

Moralité veut dire : devoirs envers soi-même et envers ses semblables. *Faire à autrui ce que l'on voudrait qu'il vous fût fait : ne pas faire ce que vous ne voudriez pas qu'il vous fût fait.*

Cherchez à la base de toute société, vous trouverez ou une grande action ou une grande pensée. Si les gouvernements, à quelque régime qu'ils appartiennent, sont malades, c'est que les chartes et les constitutions ont trop souvent groupé, au sommet des Etats, les enrichis, les privilégiés de la fortune, sans souci des exemples et des exigences de moralité administrative, indispensable au fonctionnement intégral des sociétés afin qu'elles soient en harmonie ; c'est que *l'homme droit* étranger à l'intrigue, à la fraude, à la spéculation honteuse et avilissante, est toujours ou presque toujours exclu comme importun et non valeur ; c'est que le culte du désintéressement, de l'honneur, du bien dans sa plus haute acception est lettre morte, humble fossile relégué dans la poussière des âges.

On parle beaucoup de l'amour des voyages, de l'amour de l'art, de l'amour de la science... mais peu de l'amour de la vertu. On rit de Mlle de Scudéry, du fleuve du Tendre et de ce bon M. Florian.

L homme de bien existe fort heureusement ; mais quel mince accueil lui fait la société ! Et pourtant lui seul est capable d'être bon conducteur d'hommes. La paix sociale ne se peut que par lui.

Pourquoi le grand trouble des sociétés modernes, avec ses incompatibilités de désirs, de sentiments, d'espérances ? Est-ce tradition, éducation, différence de sang ? Est-ce haine ? Oui, c'est la haine. Notre tempérament de frères ennemis représente les anciennes existences, les réincarnations passées revivant et retentissant en chacune de nos fibres, car la tombe, les tombes successives n'ont encore rien étouffé. Clameurs de Bourguignons, d'Armagnacs, de Ligueurs, de Royalistes, Frondeurs, Mazarins, Inquisiteurs, Feuillants, Girondins, Montagnards, revivent en nous tous et ne s'adouciront qu'avec la moralisation.

N'acceptons donc pas le triste legs atavique des âges : résistons aux entraînements ; ne soyons plus les serfs d'aucun temps.

L'éducation morale de la jeunesse se résume en ce simple terme : comprendre la loi de la réincarnation, et, par elle, la solidarité des générations se préparant mutuellement de meilleures conditions de retour sur la terre. Cette loi comprise sera la lumière qui dissipera les ténèbres sociales. La prospérité publique et privée est un but imposé à tous, elle dépend forcément du concours, de la moralité, de la fortune, de l'initiative de chacun. La société souffre si un de ses membres, ou plusieurs, ou une classe entière ne remplit pas son devoir privé ou public.

L'organisation sociale est telle que tout acte de ses membres, riche ou pauvre, exerce fatalement une influence bonne ou mauvaise sur la fortune et la moralité privée ou publique. Gardons-nous de cette erreur capitale qui prétend, en raison de la loi de solidarité, supprimer riches, rentiers, propriétaires; ils ne sont pas plus coupables que truands et malandrins, monarchistes, républicains, socialistes, nihilistes, anarchistes et jésuites, lorsque les uns et les autres troublent la sécurité et le repos de la société pour la satisfaction d'ambitions malsaines et criminelles.

La fortune bien employée est le pivot d'une société en harmonie. Un riche, si il met ses loisirs et sa fortune à profit pour cultiver des talents, développer des œuvres utiles, contribue à relever les mœurs et l'esprit national ; il est une providence pour ses concitoyens ; il remplit une fonction sociale d'une fécondité incontestable. Sans lui, l'industrie, la vie des masses travailleuses ne peut plus être : une nation dépossédée d'une classe riche, distinguée, généreuse, serait découronnée, son progrès arrêté et la décrépitude deviendrait inévitable.

Moralité. — Conclusion

Espérons que la France renoncera à l'indulgence pour les théories néfastes qui veulent la conduire à l'anéantissement. Que la voix vibre donc à son oreille et lui fasse comprendre que la route de toutes les nations s'appelle : MORALITÉ.

Et ceci dit : j'ajoute : Et vous tous, chers lecteurs, en songeant avec Vauchez que le *mort est uni au vivant, le savant à l'ignorant, le pauvre au riche, le criminel au vertueux*, par cette grande loi de la solidarité universelle qui fait de tous les hommes un seul homme et sans l'observation de laquelle nul repos n'est possible dans une société avancée ; en songeant, dis-je, que notre vie n'est qu'une vie préparatoire, repliez-vous sur vous-mêmes, moralisez-vous, remplissez vos cœurs, non pas de la morale de sacristie, mais de celle qui fait les hommes vraiment utiles à leurs semblables. — La nature a horreur du vide, disait-on jadis, ne sachant comment expliquer l'élévation de l'eau dans un tube vide.

On ne croyait peut-être pas si bien dire, car il y a là une loi morale aussi bien qu'une loi physique.

Qu'un vide se fasse dans notre esprit ou dans notre cœur, immédiatement la nature cherche à le combler ; qu'une illusion s'envole, qu'une croyance s'évanouisse, il faut quelque chose à leur place si vous ne voulez y voir monter le nihilisme, l'anarchisme, le scepticisme, toutes les désespérances, toutes les mauvaises croyances qui envahissent les sociétés sans foi et finissent par les étouffer.

Comblons donc bien vite ces vides malsains, remplissons-les par une nouvelle croyance fortifiante qui ne nous trompera pas parce qu'elle sera basée sur la raison et sur la science, c'est-à-dire sur la vérité. Ainsi donc, vite à la tâche, répandez partout l'éducation morale, celle qui comble tous les vides, qui apporte toutes les consolations, qui adoucit toutes les misères et qui a pour auxiliaires le goût du travail et l'amour du bien et du vrai.

FIN

www.ingramcontent.com/pod-product-compliance
Ingram Content Group UK Ltd.
Pitfield, Milton Keynes, MK11 3LW, UK
UKHW020152200726
13856UKWH00003B/954